高等学校"十四五"规划教材·无人机应用技术

工业复合翼无人机综合设计开发与应用技术

连业达 戴 维 全 勇 主编

西北工业大学出版社

西 安

【内容简介】 本书以培养无人机设计、开发、操作和适航应用等方面技能的高水平应用型人才为导向，着力于推动人才培养和行业热点需求的"三对接"：理论学习与行业应用热点相对接；专业内容与具体技术装备相对接；学习过程与生产开发过程相对接，形成专业基础扎实、实践能力强、工程创新突出的"三位一体"培养体系。读者在学习过程中全方位经历工业无人机产品开发的全部环节，在工程开发中学习基础理论、积累工程经验。本书以西北工业大学自主研发的垂直起降固定翼无人机作为教学蓝本，将总体设计、计算机辅助开发、无人机装配调试、飞行应用等内容作为学习要点，系统阐述垂直起降固定翼无人机从基础设计到产品开发、应用的全部过程，学习内容涉及飞行器设计原理、空气动力学、飞行力学、控制工程等多个学科领域。

　　本书可作为高等学校航空学科综合实践教学的教材，也可作为职业技能教育的培训资料。

图书在版编目(CIP)数据

工业复合翼无人机综合设计开发与应用技术 / 连业达,戴维,全勇主编 . —西安:西北工业大学出版社,2022.1

ISBN 978 - 7 - 5612 - 7653 - 2

Ⅰ.①工… Ⅱ.①连… ②戴… ③全 Ⅲ.①无人驾驶飞机-设计-高等学校-教材 Ⅳ.①V279

中国版本图书馆 CIP 数据核字(2021)第 097160 号

GONGYE FUHEYI WURENJI ZONGHE SHEJI KAIFA YU YINGYONG JISHU
工 业 复 合 翼 无 人 机 综 合 设 计 开 发 与 应 用 技 术

责任编辑:孙　倩	策划编辑:杨　军
责任校对:王　静	装帧设计:李　飞

出版发行：西北工业大学出版社

通信地址：西安市友谊西路 127 号　　邮编:710072

电　　话：(029)88491757，88493844

网　　址：www.nwpup.com

印 刷 者：兴平市博闻印务有限公司

开　　本：787 mm×1 092 mm　　1/16

印　　张：12.625

字　　数：331 千字

版　　次：2022 年 1 月第 1 版　　2022 年 1 月第 1 次印刷

定　　价：39.00 元

前　言

　　无人机作为现代飞行器的技术代表,其设计理论与研发技术涉及飞行器设计、飞行力学、飞行器结构设计和复合材料工艺学等学科领域,其制造、应用和管理过程体现了多学科的交叉融合。随着国内无人机市场的异军突起,无人机装备已在航空测绘、管线巡检、城市管理、农林植保和警用安防等行业领域得到广泛应用,无人机专业技术人才缺口和行业需求的矛盾日益突显,无人机人才培养和教育体系建设成为社会关注的焦点。经过早期调研发现,目前无人机人才培养模式与传统高校飞行器总体设计教学方法基本相同,而无人机设计开发属于工程性较强的实践型技术,产品总体开发能力的培养远大于基础理论知识学习的比重。本书将无人机产品开发过程作为重点学习内容,将产品开发的关键步骤进行分解展示,使读者可以更好地了解、学习无人机装备的设计、开发的全过程。

　　本书以无人机设计、开发、操作和适航应用等方面技能的高水平应用型人才为导向,着力于推动人才培养和行业热点需求的“三对接”:理论学习与行业应用热点相对接;专业内容与具体技术装备相对接;学习过程与生产开发过程相对接,形成专业基础扎实、实践能力强、工程创新突出的“三位一体”培养体系,使读者在学习过程中全方位经历工业无人机产品开发的全部环节,在工程开发中学习基础理论、积累工程经验。

　　本书以西北工业大学具体的民用无人机装备作为教学蓝本,将总体设计、计算机辅助开发、无人机装配调试和飞行应用等内容作为学习要点,系统阐述垂直起降固定翼无人机从基础设计到产品开发、应用的全部过程,学习内容涉及飞行器设计原理、空气动力学、飞行力学和控制工程等多个学科领域。本书不仅可作为高等教育航空学科综合实践教学的教材,而且也可作为职业技能教育的配套资料。

　　本书共9章。第1~4章为理论学习内容,第1章对无人机的技术背景、行业应用进行简要的概述;第2章从无人机的实际研究背景出发,以中小型无人机设计为着眼点,对无人机的翼型、机翼、无人机稳定性等空气动力学原理进行分析和讲解;第3章主要介绍无人机飞行控制系统发展、复合翼无人机飞行控制方式和操作原理、飞行动力学等飞行控制的基础知识;第4章主要围绕工业复合翼无人机的总体设计内容进行介绍。第5章是计算机辅助设计在无人机设计中的应用,第6~9章从工业复合翼无人机的各种系统组成、组装调试和检测三方面进行介绍,并配合无人机装备操作步骤逐一进行阐述;以工业无人机的行业应用为切入口,介绍了无人机地面站操纵使用、航迹规划和飞行应用等知识。本书附录中收录了多款常用翼型的技术参数、无人机飞行管理和行业法规等内容。

为了提高本书的学习内容与行业需求和人才培养的配合度,在编写前期,笔者走访了多家无人机技术公司和高等院校,调研了专业人才培养的需求方向。在编写过程中,编写组总结了多年在无人机设计、开发的工程经验,并参阅了相关文献和技术资料和网络文章。在此,向相关作者表示衷心的感谢。

西北工业大学民用无人机研发中心高红岗、宫存格、谢梦雅和邹荣程参与了本书主要章节和文字的书写整理工作,在此特别表示感谢。

本书着重以工程开发过程作为主要思路,对相关设计经验和工程理论引用、整理较多。由于水平和经验有限,书中难免存在不妥之处,恳请广大读者批评指正。

编　者

2020 年 6 月

目　　录

第1章　垂直起降固定翼无人机简介

1.1　无人机百年历史

从军事武器到行业工具,从战争飞向市场,无人机经历了战火烟云和繁荣盛世的百年变迁。自第一次世界大战以来,无人机就以不同的概念和实体的形式,不断地呈现给人们,但其名字在 21 世纪以前,都还远谈不上家喻户晓。2004 年 3 月,随着美军测试高超声速飞行器序幕的逐渐拉开,在 3 月 28 日凌晨,一架翼展 1.5m、机长 3.6m 的 X－43A 试验型飞行器在从 B－52 战略轰炸机上分离后,依靠火箭助推到 30 500m 高空,以 $Ma＝7$ 的速度搏击长空。随着高超声速无人机作战飞行平台的出现,无人机再次将人们的视线聚焦了过来。这是无人机在经历了第一次世界大战、第二次世界大战和现代战争这漫长岁月之后,首次在市场获得大范围的关注。

无人机拥有载人机无法比拟的低成本应用优势,在军用领域,无人机极高的作战效能获得了军方的认可,并逐步成为军事强国发展的焦点。基于无人机的新型作战体系建立,对于无人化作战理念产生了非常深远的影响。近年来,在世界上局部冲突的战事中,都可以看到无人机的身影,其较低的使用成本,长时间的滞空侦察和打击能力,极低的人员损伤都成为无人机典型的应用优势。有鉴于此,研制和发展无人机成为各国军方尤其是发达国家军方的重要选择。

武器的先进性能是随着技术发展而提升的,无人机也不例外。无人机的发展主要经历了以下 3 个阶段。

1. 第一阶段:萌芽期

无人机最初的发展要追溯到第一次世界大战时期,而且初期发展并不顺利。

1914 年,在第一次世界大战如火如荼的进程中,英国的卡德尔和皮切尔两位将军提议研制一种无人驾驶空中炸弹,可以自行飞到目标上空消灭敌人,然而实验多次均以失败告终。

1917 年,虽然英国研制无人机失败了,但是在那个充满奇思妙想的时代,彼得·库伯和艾尔姆·A·斯皮里发明了第一台自动陀螺稳定仪,从此诞生了无人驾驶飞机。美军应用斯皮里"空中鱼雷"式无人机在测试中挂载一枚 300lb(1lb＝0.45kg)重的炸弹可飞行 50 英里(1 英里＝1.61km)。

从严格意义上说,无人机是能遥控操作、自主飞行的无人驾驶飞机,所以以上的这些尝试还不能算是无人机。

在早期,设计的无人机更接近巡航弹的工作模式,直到 1935 年,随着"蜂后"式无人机的成功研发,首次实现了无人机可以重复起降、反复使用的技术功能。随后"蜂后"无人机在英国服役,直到 1947 年正式退役。然而,由于当时的科技比较落后,无人机无法出色完成任务,所以逐步受到冷落,甚至被军方弃用。随着相关技术的迭代发展,无人机在现代战争中扮演者越来越重要的作用,被成功运用于世界各个战场和冲突地区,执行军事任务。

虽然当时无人机被很多大国冷落,但是对于刚刚经历过战争的中国来说拥有无人机确实十分必要。中国无人机的研究在苏联的帮助下始于20世纪50年代后期,之后便开始了独立自主的研发,直到1966年12月,中国研制的靶机"长空一号"首飞成功。

2. 第二阶段:发展期

科技在不断发展,无人机的技术也在逐渐成熟,直至1982年以色列首创无人机与有人机协同作战,无人机才重回人们的视线,同时,无人机在海湾战争中大放异彩也引起了各国军事高层的重视,开启了无人机真正的发展之路。

20世纪90年代末,美国军方认为无人机的发展对于美国军方的战术空中力量将产生巨大帮助,所以在科索沃战争中,美国军方看到了无人机技术的缺陷后,开始财政拨款支持无人机研发工作。

3. 第三阶段:蓬勃期

21世纪初,由于原来的无人机尺寸较大,目标明显且不易于携带,所以研制出了迷你无人机,机型更加小巧、性能更加稳定。

2006年,影响世界民用无人机格局的大疆无人机公司成立,先后推出的phantom系列无人机,在世界范围内产生了深远影响,研制的phantom 2 vision+还在2014年入选《时代》杂志。

2009年,美国加州3D Robotics无人机公司成立,这是一家最初主要制造和销售DIY类遥控飞行器(UAV)的相关零部件的公司,在2014年推出X8+四轴飞行器后而名声大噪,目前已经成长为与中国的大疆公司相媲美的无人机公司。

2014年,一款用于自拍的无人机Zano诞生,曾经被称为无人机市场上的"苹果手机"。该机在众筹平台上筹款340万美元,获得超过15 000人的支持,人们都对该款产品充满期待。由于无法解决无人机量产而引发了软硬件调校误差,该研发公司于2015年破产,Zano只能活在人们的记忆中。

无人机行业受到时代下需求的推捧,行业发展火爆。在军用和民用领域,无人机重新定义了相关行业,全球32个国家针对自身需求,针对性地开发无人机。但无人机在市场的推广过程中,依然存在着严重的行业标准和制度法规缺失的现状。为此,2015年10月,美国宣布对个人无人机采取注册备案制度,以此维护无人机市场的秩序。而我国目前还没有制定相关制度,相信在不久的将来会有所改善。

1914—2015年,无人机在百年岁月的洗礼中历久弥新,站在21世纪初,它不再是一个遥不可及的词语、不再只是充满战争的武器,而将成为一种工作方式和娱乐方式。走进不同行业,走进人们的生活,我们需要做的就是迎接这场变革。

1.2 垂直起降固定翼无人机的技术背景

随着军民融合战略的推进,近年来工业级无人机在民用领域获得了突飞猛进的发展,被广泛应用于农业、商业、能源和医疗等各个领域。按照构型的不同,常见的无人机可以大致分为三类:无人直升机、多旋翼无人机和固定翼无人机。无人直升机在载重、续航等指标上有着突出的优势,但其动力和操纵都来自旋翼,机构异常复杂,导致成本高,可靠性低,限制了无人直升机的推广;多旋翼无人机兴起于消费级领域,其构型简单,零部件成品化高,技术门槛相对较低,但航时和航程短的缺点极大地限制了其应用场景;固定翼无人机具备效率高、速度快、航时长、航程远和可靠性高等优点,但其对起降条件要求高,且辅助保障设备多,部署任务所需的时间长。

垂直起降固定翼无人机作为近年来工业级无人机的新兴事物,融合了多旋翼无人机和固定翼无人机的特点,具有无需跑道、续航力强、安全性高、制造难度低等优点,正成为今后发展的新趋势。

1.3　垂直起降固定翼无人机的代表类型

从总体布局形式来看,垂直起降固定翼无人机主要有尾座式、倾转动力式(包括倾转旋翼式、倾转涵道风扇式、倾转机翼式)以及复合式等。

1. 尾座式无人机

尾座式垂直起降固定翼在不牺牲载重能力的情况下,使无人机兼具多旋翼无人机和固定翼无人机的优点。在机尾安装有起降支架,垂直起飞时机尾座地机头向上,达到一定高度后转入平飞,降落时先调整姿态使机头向上,随后进行垂直降落。这种起降方式的优点是结构简单、系统废重少、效率高,但其控制系统开发难度较高,在垂直起降期间抗风能力较低,如图1-1所示。

图 1-1　"V-BAT"尾座式无人机

2. 倾转动力式无人机

倾转动力飞行器的概念最早由美国贝尔公司提出,起飞的时候倾转动力式无人机的推力方向朝上,倾转动力机构在其开始水平飞行的时候开始作用,使飞行器推力向前,作为前飞动力,机翼承担部分或全部升力。倾转动力式无人机推力方向变化都需要倾转机构,这样必然会存在机构可靠性与费重问题,并且垂直转平飞过渡阶段稳定性差的问题也对智能飞控技术提出了新的挑战。倾转动力式垂直起降固定翼飞行器包括倾转旋翼式、倾转涵道风扇式以及倾转机翼式,如图1-2所示。

图 1-2 "Qua ntum TRON90"倾转旋翼无人机

3.复合翼无人机

在固定翼无人机的基础上加装一套垂直起降动力系统就形成了通常意义上的复合翼无人机,通过两套动力分别实现起降和平飞。相对于其他垂直起降飞行器,复合翼垂直起降无人机具有技术可实现性好、飞行可靠性高和生产成本较低等优点。早期复合翼无人机由于电机技术不成熟,巡航无效重量较大,但随着高功重比无刷电机的出现,配合良好的气动外形设计,复合式无人机也能达到极高的飞行性能。图 1-3 为配合教材使用的 NPU-GC01 复合翼无人机。

图 1-3 NPU-GC01复合翼无人机

1.4 复合翼无人机的工作原理

复合翼无人机的布局是一种将固定翼布局与多旋翼布局相结合的垂直起降飞行器解决方案,既能够像多旋翼飞行器一样通过多个螺旋桨拉力克服重力和气动阻力实现垂直起降、悬停和垂直爬升下降等飞行功能,又能够像固定翼飞行器一样通过气动升力克服重力,动力系统克服气动阻力实现高速巡航飞行。本书将以行业应用度高的复合翼无人机的设计、开发过程作为读者了解垂直起降固定翼无人机技术的主要路径。

1.4.1 起飞和降落阶段

四旋翼无人机是多旋翼无人机中的一种,是一个四控制输入和六自由度输出的欠驱动系统,虽然四旋翼无人机具有多变量、非线性、强耦合和对干扰敏感的特征,但是其体积小、隐蔽性和安全性好、结构简单、操作灵活和成本较低。四旋翼无人机的飞行原理是,通过电机驱动螺旋桨旋转,从而产生垂直向上的升力和相应的转矩。无人机的飞行模式分为 X 形和十字形两种。以下以十字形飞行模式为例,简要介绍四旋翼无人机的飞行原理。在飞行过程中,无人机通过 4 个旋翼产生垂直机体水平面的升力 F 来改变飞行器的位置,通过沿着机体坐标系的三轴转矩 t_x,t_y,t_z 改变无人机的姿态(见图 1-4)。

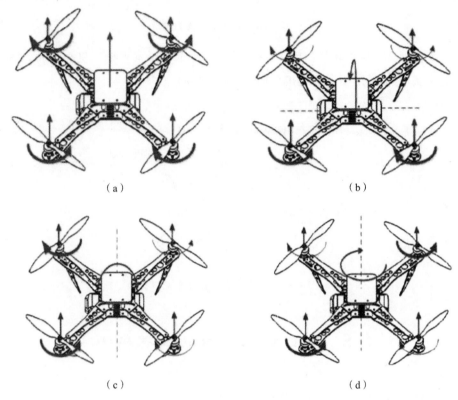

图 1-4　四旋翼无人机的飞行模式
(a)升降运动;(b)前后运动;(c)左右运动;(d)偏航运动

1.4.2　巡航阶段

固定翼无人机的机翼用来提供升力,负升力由尾翼提供,飞机其他部分产生的升力微乎其微,一般不予考虑。当空气流经机翼前缘部分,形成上、下两股气流,分别从机翼的上表面和下表面流过,在机翼后缘重新汇合向后流去。机翼上表面相较于机翼下表面形状较为凸出,因此气流通过上、下表面的流速不同,上、下气流形成流速差,继而出现了压力差。在和气流垂直的方向上产生的压力差就是机翼的升力。这样无人机借助机翼所获得的升力克服自身的重力飞翔在天空,如图 1-5 所示。

飞机在飞行中,受的力分别是升力、重力、推力和阻力,机翼提供升力,发动机提供推力,地球引力产生重力,空气产生阻力,这些力可以分解为 x 及 y 两个方向的力。当飞机保持等速直线飞行时,y 方向的升力与重力大小相同方向相反,所以 y 方向合力为 0,x 方向阻力与推力大小相同方向相反,所以 y 方向合力也为 0。

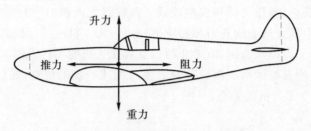

图 1-5　固定翼飞机的受力情况

弯矩不平衡则会产生旋转加速度，对飞机来说，X 轴弯矩不平衡飞机会滚转，Y 轴弯矩不平衡飞机会偏航、Z 轴弯矩不平衡飞机会俯仰（见图 1.6）。

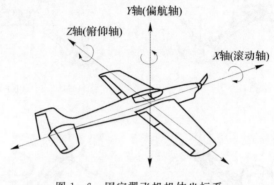

图 1-6　固定翼飞机机体坐标系

1.5　复合翼无人机的发展趋势

1.5.1　复合翼无人机总体布局发展趋势

从复合翼无人机的研制过程可以看出，任何设计布局和研发过程，都难以避免在推进、能源、气动、控制、设计方法和试验技术等方面遇到问题，区别就在于不同布局面临的问题是否严重，这些问题主要包括如何选择无人机的总体布局、优化其设计的方案、桨翼干扰等气动问题、控制飞行模式的转换等问题。

总体来说复合翼无人机起降方便、成本低、使用和维护方便，安全性较好，复杂空域中的任务执行能力突出，具有较好的市场需求和应用前景。从国内外技术发展情况看，复合翼无人机具有以下发展趋势：

（1）复合翼无人机的飞行控制系统对于飞行的稳定性起着至关重要的作用。尽管市面上的复合翼无人机在过渡阶段都存在稳定性差的问题，但是随着智能化飞行控制技术、先进的传感器技术及分布式信息处理技术的不断发展，复合翼无人机的飞行控制系统将会更加完善，更加稳定。

（2）为了实现高效率的巡航和较大的航程，就必须提高复合翼无人机的巡航升阻比，分布式动力推进系统就可以实现以上需求。而且,此系统可以通过缩小无人机在垂起和平飞阶段需用功率的差异实现动力系统的最佳功率匹配。

(3)现有的复合翼无人机基本上都采用电池驱动的推进系统,主要考虑到可行性、复杂性及安全性等方面的问题。随着材料技术和制造工艺不断进步,动力电池行业的发展速度会实现高速发展,届时采用储能电池作为推进系统的能源在复合翼无人机上将是未来的一种趋势。

1.5.2　复合翼无人机功能系统发展趋势

(1)任务载荷多样化、模块化和互换性。工业级无人机任务载荷多种多样,包括多拼相机、光电吊舱、喊话器等。载荷的多样性决定了无人机从设计之初就必须考虑其载荷的模块化及互换性。当无人机执行不同任务或者升级相关设备时,能够迅速更换其任务载荷,以更好地满足特定任务需求,适应不同行业应用。

(2)高环境适应性。随着用途越来越多样化,未来无人机需要具备在任何严苛的环境条件下可靠工作的能力。例如,在舰船起降时需要面临风力、洋流和船舶本身的运动等复杂环境,这对无人机机载智能控制系统的稳定性和鲁棒性提出了更高的要求。业界普遍认为零排放、高效率和低噪声的纯电推进驱动将会是垂直起降固定翼无人机主流发展方向。分布式电推进采用电力驱动多个分布于机翼、机身或尾翼的电机,并由电机驱动螺旋桨、涵道风扇等动力装置可提供全部推力。分布式电推进系统动力分散布置,控制更为灵活,容错性能更好,系统冗余度高。

(3)感知与避让。感知和避让技术是无人机获取空间位置状态、规划航迹和防止碰撞的重要技术保障。在无当前态势感知的基础上判断是否存在飞行冲突、重新规划航迹规避冲突是感知与规避的三大关键技术。与有人机相比,无人机感知规避技术还不够成熟,尚不具备多机、三维尺度下的感知与规避能力,而且一旦感知、判断、规避任何一个环节出现信号传输延迟都将直接影响规避结果,因此感知与规避的可靠性、鲁棒性也需进一步提高。

(4)自主性与智能化。未来无人机将不仅仅是一个飞行载体,被动完成飞行任务,而是向单机智能飞行、多机智能协同、任务自主智能等方向发展,具备主动感知、自主判断、采集数据、智能学习和协同作业等各项能力。同时,与 AR、VR 设备的结合,对无人机的飞行和操控也将带来全新的体验。

1.6　复合翼无人机的行业应用

复合翼无人机基本可以完成固定翼无人机、无人直升机以及多旋翼无人机的很多任务,根据市场需求,复合翼无人机的应用范围主要在军用、民用和商用领域,例如管道巡线、电力巡查(见图 1-7)、农林植保、城市管理、抢险救灾、专业搜索、国土巡查、自然资源检测、气象监测、监控传染病、遥感测绘、人工增雨、边境巡逻、核辐射探测和消防火情监测等众多领域。

复合翼无人机在多方面具有其显著优势,而且市场需求弹性较大,发展前景较好,未来极有可能发展成为一个重要的无人机类别。

图 1-7　复合翼无人机参与南方电网巡视工作

第2章 无人机空气动力学

无人机作为一种飞行器,大型飞机现有的空气动力学理论均可适用,但受无人机自身尺寸小、无人驾驶等特点的影响,在设计分析过程中,会遇到小雷诺数等空气动力学问题。随着航空科技与航模运动的普及发展,低雷诺数空气动力学研究逐渐增多,同时航模飞机的空气动力学理论研究在一定程度上弥补了无人机气动理论研究的不足。

2.1 低雷诺数空气动力学简析

2.1.1 空气的气压与密度

地球的大气主要由氮气和氧气等组成,组成比例近似为 8:2,且组成比随海拔高度变化的改变很小。在考虑空气的物理特性时,可以将大气简化为一种气体来分析。为了简化计算,引入国际标准大气,并按照该标准,将不同海拔的大气参数转化为定值(温度、密度和压力)。

1. 空气密度

通过所在地区的温度和压力,计算空气密度,有

$$\rho = 0.465p/(273 + T)$$

式中,p 为大气压力;T 为大气温度。

2. 标准大气相对压力

高度 $H \leqslant 11\text{km}$ 时,有

$$(p_H/p_0) = (T_H/T_0)^{5.256}$$

高度 $H > 11\text{km}$ 时,有

$$(p_H/p_0) = 0.2234\ e^{-(H-11)/6.336}$$

3. 标准大气温度

大气温度会随海拔高度增加而减少,在海平面时,标准大气温度为 15℃,当高度在 11 000m 以下时,高度每增加 1 000m,温度降低 6.5℃。当高度在 11 000~25 000m 时,温度基本保持在 -56.5℃。高度超过 25 000m 后,气温会逐渐上升。

2.1.2 空气的黏性

和一般的流体一样,空气也有黏性。假设将两块平板之间的流体看作是由很多薄层组成的,两块板的运动如图 2-1 所示,板 1 的速度为 V,则与板 1 最近的流体薄层的速度也是 V,与板 2 最近的流体薄层的速度为 0。两层板之间流体薄层的速度随着远离板 1,接近板 2,速度逐渐减小,直至减少为 0。造成每层流体薄层速度减小的原因就是流体的黏性摩擦力。根

据试验结果表明,板1所受的黏性摩擦力与板的速度和面积成正比,与两侧板之间的距离成反比,即

$$f = \frac{\mu SV}{d}$$

式中,f 为黏性摩擦阻力;V 为两个平板的相对速度;d 为流体厚度;S 为平板面积;μ 为流体黏度。

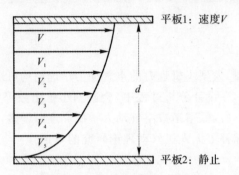

图 2-1 流体黏性阻力模拟图

空气具有微弱的黏性,在研究无人飞行器时,通常认为空气的黏性作用只是表现在靠近机体表面的空气薄层内。这一层的空气薄层称为边界层,边界层内的空气流动与外部流动会有明显的差异,其中最接近机体表面的空气流速为0,最外层的空气流速与外界流速相同。

在气流刚接触物体时,边界层比较薄,且内部空气流动具有层次性(层流边界层),随着流过物体表面越长,边界层会越厚,且边界层内的流动会变得混乱起来,形成湍流边界层。边界层性质的变化会对整个飞行器的流场产生很大的变化(见图 2-2)。

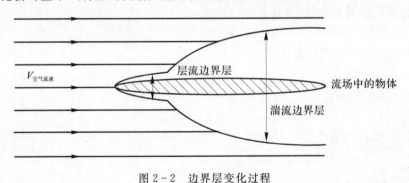

图 2-2 边界层变化过程

2.1.3 雷诺数

雷诺数(流体动力与黏性力之比)是黏性流体流动相似性的判断依据,即两个形状相同大小不同的物体在不同的流场中运动时,只要其雷诺数一致,则它们形成的流场和各种力量系数等均相同,即

$$Re = \rho V b / \mu = V b / \nu$$

式中,ρ 为空气密度;V 为气流速度;b 为气流流经物体的距离;μ 为空气黏度;ν 为运动黏度。

不同的海拔高度下,空气的运动黏度不同(见表 2-1),因此,在计算无人飞行器在不同高

度下的飞行雷诺数时,需要确定不同高度下所对应的运动黏度。

表 2-1　标准大气下不同高度运动黏度 ν 数值

H/km	0	1	2	3	4	5	6	7	8	9	10
$\nu \times 10^7$	146	158	171	186	203	221	242	265	290	319	352
H/km	11	12	13	14	15	16	17	18	19	20	21
$\nu \times 10^7$	390	456	534	625	732	857	1 003	1 175	1 375	1 610	1 885
H/km	22	23	24	25	26	27	28	29	30		
$\nu \times 10^7$	2 207	2 583	3 024	3 540	4 195	4 969	5 875	6 952	8 226		

雷诺数可以衡量流体黏性的影响,流体的黏性只集中在边界层内。实验表明,当雷诺数在 50 000~160 000 之间时,机翼表面流场边界层变为湍流边界层。但由于无人飞行器的雷诺数一般较小,故其机翼上表面的边界层一般为层流边界层(见表 2-2)。由于无人飞行器与大型飞行器雷诺数相差巨大,其空气动力学性能的差异也非常大。

表 2-2　常见无人机和鸟类雷诺数

名　称	$V/(\text{m} \cdot \text{s}^{-1})$	C_A/m	雷诺数 Re		
			海平面	海拔 7 000m	海拔 20 000m
海鸥	16	0.20	219 070	——	——
单人滑翔机	16	1.3	1 423 955	——	——
"全球鹰"无人机	176	1.41	16 988 887	9 371 822	1 536 755
"太阳神"无人机	33	2.4	5 421 985	2 991 007	490 453
"捕食者"无人机	36	0.78	1 922 340	1 060 448	——
模型滑翔机	5	0.12	41 075	——	——

雷诺数是决定边界层性质的重要参数,也是判断机翼是否容易失速的一个重要参数。在相同或相近雷诺数的前提下,已设计完成的无人机的各项参数可以作为新设计飞机的技术参考。同时在设计无人机时,为了获取更好的飞行性能,通常会增加速度或者增大机翼弦长等方式以获取高于临界雷诺数的飞行状态。同时也需要做好由于增大弦长导致诱导阻力增加的平衡设计问题。在降低机翼临界雷诺数方面,通常会采用增加机翼前缘的粗糙程度或增加扰流线等方法,使边界层变为湍流层,提高最大升力系数。

2.2　无人机空气动力及动力学相似性

2.2.1　升力与升力系数

机翼产生升力主要与空气密度、飞行速度、机翼面积、翼型和迎角等因素有关,为方便分析,将这些大部分因素的影响效果通过风洞实验的测试方法确定为一个参数,即升力系数。在一定条件下,将机翼不同迎角下对应升力系数绘制成图表,就形成了升力系数曲线(见图2-3)。升力计算的公式为

$$L = \frac{1}{2}\rho V^2 S C_L$$

式中,ρ 为空气密度;V 为飞行器与气流的相对速度;S 为机翼面积;C_L 为机翼升力系数。

对于非对称翼型,当迎角逐渐增大时,升力系数逐渐增大,当迎角增大到一定值时,升力系数将不再增加,反而会减少(迎角过大时,造成机翼表面气流分离),此时的迎角称为临界迎角,并且在临界迎角下,机翼升力达到最大。

2.2.2　阻力与阻力系数

飞行器在空气中的运动阻力主要有摩擦阻力和压差阻力。摩擦阻力主要由空气黏性作用产生,压差阻力主要由物体前后的压力分布不均,前缘压力大,后缘压力小,产生了一个与运动方向相反的力。降低摩擦阻力通常将机体表面做得更为光滑,可以减少气流黏性作用产生的影响。压差阻力通常与物体的形状有关,实验表明,良好流线型的物体可以很好地避免气流过早分离,减少物体后的涡流区域形成,使物体后缘的压力增达,达到减小压差的目的。

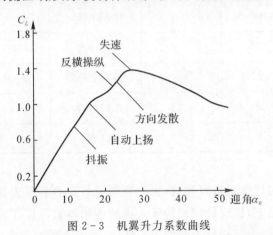

图 2-3　机翼升力系数曲线

飞行器的阻力主要和形状、大小、相对气流速度和空气密度等因素有关。和升力系数表述一样,在计算阻力时,通常也将各影响因素综合在一起,通过实验测定一个计算参数,即阻力系数。阻力计算公式为

$$D = \frac{1}{2}\rho V^2 S C_D$$

式中,ρ 为空气密度;V 为飞行器与气流的相对速度;S 为机翼面积;C_D 为机翼阻力系数。

飞行器所受的阻力主要为摩擦阻力和压差阻力。其中摩擦阻力主要是由空气黏性作用产生的,集中在边界层内。层流边界层产生的摩擦阻力较小,湍流边界层产生的摩擦阻力较大。压差阻力是由于气体流过物体后,产生气流分流,在物体后缘形成涡流区,造成能量损失和压力减小,形成压差。气流分离与物体形状和边界层有关。和层流相比,湍流边界层气流流动由于不易受压力影响使气流停滞,可以避免气流过早分离。与湍流相比,层流边界层通过高压区域时,更易产生气流分离现象,形成涡流区。对于无人机飞行器,主要考虑的是减少自身的摩擦阻力。但机翼在分析时也要考虑其在大迎角时,机翼上表面气流过早分离,造成失速。

2.2.3　气流分离现象

机翼表面压力变化前缘为高压区,在机翼最高点处为低压区,在机翼后缘为高压区。气流从前缘流动至机翼最高点的过程中,由高压流向低压,气流流速加快。在通过机翼最高点后,边界层由低压流向高压,流速逐渐减慢,尤其是靠近机翼表面的边界层,能量损失更加严重,在未到达机翼后缘前就已减速为零。造成的"真空"区域由外部空气回流填充,形成反流现象,并伴随漩涡等混乱的气流形式。这种由于边界层流动不均匀造成的现象称为气流分离现象,如图 2-4 所示。

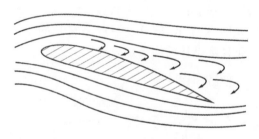

图 2-4　机翼气流分离示意图

机翼在小迎角时,由于机翼表面压力变化不大,对边界层流动的影响较小,边界层可以从机翼前缘流动至后缘,气流分离现象不明显。但随着机翼迎角的不断增大,机翼上表面压力变化对边界层流动的影响越来越明显,边界层很难完全流动至机翼后缘,发生气流分离现象,产生压差阻力。此时,机翼升力减小,阻力增大,单位迎角增量下的升力系数增加值减小。

在迎角增加的过程中,由于机翼气流分离现象造成升力损失逐渐增加,飞机开始出现震动、自动上仰、反横操纵和自动侧滑等不稳定现象,直至出现失速。对于无人机来说,爬升阶段处在飞行员可视控制范围内,可以根据飞机的飞行状态判断机翼边界层的分离状态,继而进行适当的操作修正,但在巡航阶段时无人机常处在超视距飞行状态下,此时需要机载计算机通过传感器采集飞机的空中飞行状态,对飞机的飞行进行调整以达到稳定飞行的效果。

2.2.4　空气动力学相似性

空气动力学相似性的条件:①物体大小不同但形状相似;②飞行时空气动力与重力的比值一样。其中,空气动力主要与速度、空气密度和机翼面积等有关,重力与体积、密度和重力加速度等有关。根据上述相似条件,将体积和面积近似转化为长度的三次方与二次方。求得相似准则判定参数(弗劳德数)为

$$Fr = \frac{V^2}{gb}$$

式中，V 表示相对运动速度；g 为重力加速度；b 为机翼弦长等起关键作用的特殊性长度。

2.3　机翼性能

机翼的性能主要受翼型、迎角和机翼平面形状等因素影响。通常用升阻比（相同迎角下，机翼升力系数与阻力系数的比值）来描述机翼的性能。

翼型各部分的名称如图 2-5 所示。其中影响翼型性能最大的是中弧线（或中线）的形状、翼型的厚度和翼型厚度的分布。中弧线是翼型上弧线与下弧线之间的距离中点的连线。如果中弧线是一根直线与机翼弦线（翼弦）重合，那就表示这翼型上表面和下表面的弯曲情况完全一样，这种翼型称为对称翼型。普通翼型中弧线总是向上弯的。S 型的中弧线成横放的 S 形，翼型后部有点上翘（如 N60R 翼型）。还有一种为了气动力的需要尽量使机翼上表面的边界层保持层流的翼型，称层流翼型。它的翼型最高点位置一般都在 40％ 翼弦之后。

要表示翼型的厚度、中弧线的弯曲度、中弧线最高点和翼型最高点在什么地方等通常不用长度计算，而是用百分数表示，基准长度是机翼弦长（翼弦长）。例如，翼型厚度是 1.2cm，弦长 10cm，那么翼型厚度用 1.2/10 来表示，即翼型厚度是翼弦的 12％。计算前后距离也用百分数，也以机翼弦长为基准，而且都是从前缘做出发点。

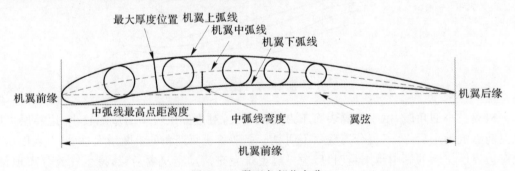

图 2-5　翼型各部位名称

翼型的编码形式种类较多，常用的为 NACA 的编码形式，其中的数字表征翼型的几何特征。以 NACA-6409 翼型和 NACA-23012 翼型为例，对编码形式进行解释（见表 2-3 及表 2-4）。

表 2-3　四位数字翼型参数示例

NACA-6409 翼型			
数字编号	6	4	09
表征内容	表示中弧线最大弧高	表示中弧线最大弧高的位置	表示翼型最大厚度
参数值	最大弧高为 6％ 的机翼弦长	中弧线最大弧高的位置在机翼前缘向后 4％ 的机翼弦长位置处	机翼的厚度弦长的 9％

表 2-4　五位数字翼型参数示例

NACA-23012 翼型

数字编号	2	30	12
表征内容	表示中弧线最大弧高所产生的最适用升力系数,该数字的 1/10 是设计升力系数的 2/3	表示中弧线最大弧高的位置的百分数 2 倍	表示翼型最大厚度
参数值	2 表示最佳升力系数值为 0.3	中弧线最大弧高的位置在机翼前缘向后 15% 弦长处	机翼的厚度弦长的 12%

2.4　翼型性能表示方法

　　翼型的性能常通过绘制升力系数曲线、阻力系数曲线、升阻比性能曲线和极曲线等描述机翼的升力、阻力和升阻比特性。

　　升力系数曲线、阻力系数曲线、升阻比性能曲线通常绘制在同一个图中(见图 2-6),横坐标为迎角,纵坐标为升力系数、阻力系数和升阻比,不同的曲线对应不同迎角下的机翼性能。

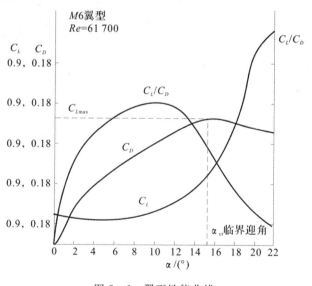

图 2-6　翼型性能曲线

　　机翼的极曲线可以很好地求取机翼的有利迎角 α_{opt}(升阻比最大迎角),其绘制方法为横坐标为翼型阻力系数,纵坐标为升力系数,曲线上的点表示对应的迎角。在极曲线上,通过坐标原点向极曲线作切线,切点所对应的迎角即翼型的有利迎角(见图 2-7)。

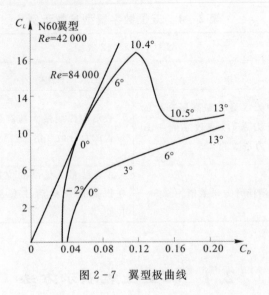

图 2-7　翼型极曲线

2.5　翼型力矩特性

机翼的压力中心作为机翼升力的作用点,将升力乘以机翼压力中心到飞机重心的距离就是升力对飞机产生的力矩。但压力中心通常会随机翼迎角的改变而移动变化。通过对机翼力矩的研究分析,可以发现机翼升力对于机翼前缘至 1/4 弦长位置点(机翼焦点)所产生的力矩并不会随着机翼迎角的变化而变化,升力力矩为常数。升力对焦点产生的力矩大小称为焦点力矩。使用焦点力矩计算升力对飞机重心产生的力矩就无需考虑迎角变化导致压力中心改变的影响,有助于简化计算(见图 2-8),则有

$$M_0 = \frac{1}{2}\rho V^2 Scm_{z0}$$

式中,M_0 为焦点力矩;ρ 为空气密度;V 为飞行速度;S 为机翼面积;c 为机翼弦长;m_{z0} 为焦点力矩系数。

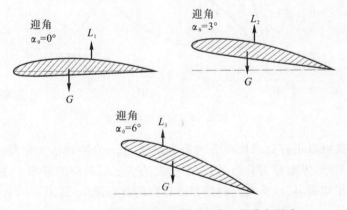

图 2-8　不同迎角下,机翼压力中心的分布形式

不同翼型的焦点力矩系数不相同。绝大部分翼型的焦点力矩系数是负值(低头力矩),但

S 翼型是正值,对称翼型是 0(即压力中心就在翼型焦点上而且基本不移动)。焦点力矩系数负值越大,表示压力中心随迎角变化移动越厉害。

　　通常在研究无人机飞行气动问题时,通常将升力力矩看成作用在焦点上的焦点力矩。但如果无人机采用平尾布局,全机的焦点位置因为受尾翼作用的影响,与单独机翼的焦点位置是不相同的,需要单独进行分析。

2.6　无人机翼型选择

　　无人机的翼型选择应按照无人机的功能、飞行需求和飞行环境等因素选取合适的翼型。本节则简要按照高空长航时无人机、中小型通用无人机、微型无人机等无人机类别进行简介。

　　高空长航时无人机由于飞行环境空气稀薄,雷诺数小,为了保障留空时间,应选择大升阻比对应大升力系数的翼型。通过机翼极曲线分析参考翼型的性能特征,选取适合的翼型。根据要求,翼型的升阻比大且对应的升力系数也要大,通过原点向各翼型极曲线做切线,切线越靠近纵坐标,与横坐标形成的夹角越大,则机翼性能越满足设计要求。在最大升阻比相当时,应选择升力系数最大的翼型作为设计参考。但对于采用活塞发动机推进的高空长航时无人机,则要求机翼的性能满足 $(C_L^{1.5}/C_D)$ 的值最大,这主要是为了保障无人机的久航速度(无人机飞行速度比巡航速度小一些)。在考虑翼型升阻比时,也应考虑整架无人机的升阻比,以免飞机机身等部件阻力系数较大,使整架飞机的阻力系数增大。此时可以选择升力系数和阻力系数都较大的翼型来作为设计参考。此外,在选择高空长航时无人机的翼型时,也要关注由于升阻比大、升力系数大,飞机在迎角增加时,由于升力变化明显,阻力变化较慢导致的飞机过灵敏的问题(见图 2-9)。

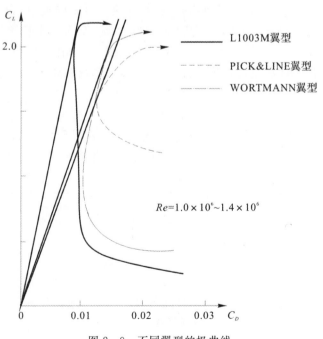

图 2-9　不同翼型的极曲线

中小型无人机雷诺数较大,在气动上与常规飞机差别不大,可以按照常规设计流程展开设计工作。

微型无人机由于只能选择使用雷诺数很低的翼型。理论设计的大升力系数、偏厚的翼型则更适用于该类飞行器翼型设计参考。

2.7 机翼形状的影响

机翼性能主要受翼型、机翼形状等因素影响。机翼形状又分为机翼正面形状和平面形状。平面形状主要指的是机翼的几何形状,正面形状主要是指上反角的大小和形状。

由于机翼翼展有限,在飞行过程中,上翼面压力小,下翼面压力大,在翼尖处下翼面的气流会绕翼尖向上流动,产生翼尖涡流。翼尖涡流会影响到整个机翼的气流流动情况。这种影响可分以下三方面。

(1)减小机翼升力:翼尖产生涡流,使机翼上、下压力分布产生变化,减少了上、下翼面压力差(这种影响在翼尖处较为明显,越靠近翼根,则涡流影响较小),使机翼升力减少。

(2)机翼总升力系数降低:翼尖产生的涡流使机翼各部分实际迎角减少,越靠近越尖,迎角减少越多。由于翼尖涡流使迎角减少的数值量称为诱导迎角 $\Delta\alpha$。此时,机翼的实际迎角将会小于此时所对应的理论迎角,从而机翼的整体升力系数偏低。

(3)产生诱导阻力:翼尖涡流使机翼后面的气流向下倾斜形成下洗气流,产生诱导阻力。无人机大迎角(即大升力系数)飞行时,翼尖涡流的影响越发明显,诱导阻力增大,并在总阻中影响效果加重。此时常采用增大展弦比或增加翼梢小翼的方法减小翼尖涡流,降低诱导阻力。

机翼产生的升力系数在小迎角时与绝对迎角成正比,所以升系数曲线开头都像一根直线。所谓绝对迎角就是零升力迎角 α_0 与迎角 α(相对气流与翼弦的夹角)数值之和。用代数式表示绝对迎角为 $\alpha_{abs}=\alpha+|\alpha_0|$。理论上诱导迎角的大小正好等于下洗角的一半。

对于相同的翼型,不同的展弦比对应升力系数曲线也不相同,如图 2-10 所示,通过翼型性能曲线可以计算出不同展弦比机翼的升力系数、阻力系数曲线。

机翼升力系数求解公式为

$$C_L = B_0\alpha_{abs}/(1+18.2B_0/A)$$

式中,C_L 为在迎角 α、展弦比为 A 时的升力系数;B_0 为翼型升力系数曲线斜率 $dC_L/d\alpha$

该公式虽然可以反算翼型性能,计算不同展弦比的机翼升力系数,但对于雷诺数很小的机翼,由于迎角与升力系数关系不准确等因素的影响,无法直接使用公式计算机翼升力系数,需要通过风洞试验进行确定。

机翼阻力包括翼型阻力、诱导阻力和激波阻力。常规无人机阻力构成主要是前两种为主,其中诱导阻力系数为

$$C_{Di} = k_i[C_L^2/(\pi A)]$$

式中,C_L 为在迎角 α、展弦比 A 时的升力系数;k_i 为机翼平面形状修正系数,与机翼后掠角有直接关系,其中平直翼与后掠角小于 $30°$ 的机翼,修正系数为 $1.05\sim1.3$,随着机翼后掠角增大,修正系数升力系数 k_i 也将增大;π 为圆周率。

机翼的阻力系数求解公式为

$$C_D = C_{D0}+C_{Di} = C_{D0}+k_i[C_L^2/(\pi A)]$$

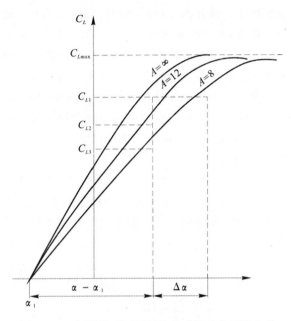

图 2-10　相同翼型不同展弦比时的升力系数曲线

在翼型相同、展弦比不同时,可以通过转换关系式,将已知展弦比 A_1 的机翼升力系数转换为未知展弦比 A_2 的机翼升力系数,具体的公式为

$$C_{DA2} = C_{DA1} + \left[(k_i / \pi) C_L^2 (1/A_2 - 1/A_1) \right]$$

式中,C_{DA2} 为展弦比 A_2 的机翼升力系数 C_{DA1} 为展弦比 A_1 的机翼升力系数。

2.7.1　机翼上反角稳定作用

从机头向后看,飞机的机翼向上翘与机身形成的夹角称机翼上反角。它是机翼翼弦平面与水平面所夹的角,具有使无人机保持横向稳定性的作用。由于外界突然的影响(如突风)以使飞机倾斜时,上反角的作用是使机翼产生从倾斜中恢复过来的力矩。无人机倾斜后会自动向倾斜的一方侧滑,这时相对气流从斜前方吹过来。有上反角的机翼左右两侧迎角不同,产生的升力也就不同,于是形成恢复力矩把无人机从倾斜中恢复过来。上反角也有很多形式可供选择,如海鸥形、外翼上反形、W 形等,要根据无人飞机整体布局决定。

当有侧风或者飞行方向与飞机纵轴不重合时上反角也起作用。这时相对气流吹到机翼上也有一个偏斜的角度,即侧滑角。如果无人机在飞行中机头向左偏以至不与飞行方向重合,这时无人机是在右侧滑。机翼的上反角使得右侧机翼升力加大。左侧机翼升力减少。无人机会向左倾斜。因此上反角虽然可以使无人机具有横向稳定性,但是会使它在保持方向上不利,也就是影响航向稳定性。要保持航向稳定性还需要有足够大的垂直尾翼,两者的作用必须协调。

2.7.2　机翼升力系数展向分布

一般所称的机翼升力系数,实际上是沿着翼展方向各个翼剖面所产生的升力系数的平均值。将各翼剖面处的局部升力系数沿翼展方向画出来,称为机翼升力分布曲线,如图 2-11 所示。梯形机翼升力分布的特点是靠近翼尖处剖面的局部升力系数比机翼平均升力系数大。如果机翼向翼尖方向削尖很多，即翼根弦长比翼尖弦长大很多（两者比值称根梢比），则越靠近翼尖处局部升力系数越大。升力系数大容易产生失速。这种形状机翼翼尖区较易失速，使无人机遇到湍流倾侧。为改善机翼升力系数展向分布也可采用扭转翼平面的方法。机翼的翼型安装角在向翼尖方向逐步减少。在相同的气流来流方向下，翼根部分翼型迎角大而随着向翼尖方向逐渐变小。有人驾驶飞机常用这种方法减少机翼翼尖过早失速问题。对三角形机翼有一种"锥形扭转"方法，即翼型安装角的减少符合一个以翼根前缘为圆锥尖的锥形曲面的规律进行。还有一种常用方法是将机翼分几段，如翼根区、翼中区和翼尖区，分别用不同翼型。翼根区的翼型中弧线弯度较小，翼中区则大一些，翼尖区翼型中弧线弯度最大，只要将各区不同翼型过渡处理好，这种方法结合安装角调整可以得出较理想的升力展向分布。不过这些方法都带来试验和制造上的工作量和成本增加。对小型无人飞机是否值得要综合考虑。

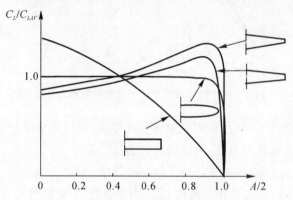

图 2-11 相同翼型不同机翼形状的展向升力分布

2.8 螺旋桨后侧滑流对机翼的影响

无人机采用油动发动机和电动发动机带动螺旋桨驱动飞机飞行，推进模式为推进式和拉进式两种。螺旋桨对气流做功，使得桨叶后端的气流是旋转的滑流。理论计算和实验表明，推进式动力布局由于螺旋桨受到机翼气流的影响，会增加推力。拉进式布局螺旋桨滑流会改变机翼流场，从而影响机翼性能。研究表明，螺旋桨后侧的滑流会增加机翼翼面的气流流速，适当的螺旋桨布局会改善机翼翼尖涡流的影响，减少诱导阻力，具体来看，由于螺旋桨后的滑流是旋转的，如果它是顺时针方向旋转，在转轴右侧滑流有下洗作用，而左侧起上洗作用。这种作用会增加或减少机翼翼尖涡流引起的下洗气流，从而改变诱导迎角，最终使机翼的升力展向分布改变。如果螺旋桨在机翼的位置安排得好，它将起到"有效扭转"的作用，增加机翼的总升力系数。

如果无人机采用双发驱动，则无人机的升力展向分布是翼尖区局部升力系数大，翼根区升力系数小。螺旋桨的位置应根据其旋转方向来安排，使滑流下洗区靠近翼尖。具体说是右旋（即顺时针方向）螺旋桨安装位置应向翼尖靠，而左旋的螺旋桨应向翼根靠。但假如机翼的升力展向分布相反，则这个结论也相反。

2.9　整机空气动力学

无人机整机的空气动力学特性可以看作是各部件产生的空气动力学之和。对于常规的固定翼无人机,其升力主要是由机翼产生的,各部件产生的升力较小,但由于各部件均会产生阻力,并受到各部件干扰作用的影响,总阻力会大于各部件阻力之和。阻力计算时,通畅会将各部件的面积换算成相对于机翼面积的参考数值,以简化计算。

2.9.1　机身阻力

飞行器机身与外界空气环境接触的面积总和称为浸润面积,用 S_{wet} 表示;在相应雷诺数摩擦阻力系数为 C_f,不同性质的边界层,机身表面的摩擦阻力系数不同。在雷诺数较大时,湍流边界层的阻力系数小于层流边界层的摩擦因数。通常将机身的摩擦阻力作为机身阻力的下限,机身的摩擦阻力系数为 C_{DF},S_F 为机身最大横截面积,其大小为

$$C_{FD} \approx \frac{C_f S_{\text{wet}}}{S_F}$$

不同类雷诺数下、不同边界层的摩擦阻力系数可以通过半经验公式直接求得,并作为设计参考:

(1)层流边界层:

当雷诺数小于 50 000 时,有

$$C_f = 0.074/Re$$

当雷诺数为 $10^5 \sim 10^9$ 时,有

$$C_f = 0.455/(\lg Re)^{2.58}$$

(2)湍流边界层:

$$C_f = \frac{\varepsilon}{Re^{\frac{1}{m}}}$$

当雷诺数小于 50 000 时,有

$$\varepsilon = 0.044, \quad m = 6$$

当雷诺数为 $10^5 \sim 10^9$ 时,有

$$\varepsilon = 0.030, \quad m = 7$$

2.9.2　飞机外突部件阻力

(1)机身鼓包。无人机整流鼓包横截面积圆形或者抛物线型。其中圆形截面鼓包横截面积为

$$S_{\text{cut}} = R\arccos(R - h) - (R - h)(2Rh - h^2)^{\frac{1}{2}}$$

鼓包最大宽度为

$$b = 2(2Rh - h^2)^{\frac{1}{2}}$$

最大横截面为抛物线型截面鼓包横截面积为

$$S_{cut} = 2l_{b0}h/3$$

式中,h 为最大横截面高度;l_{b0} 为最大横截面底部宽度。

(2)起落架阻力系数。起落架阻力系数计算,其参考面积为轮胎截面面积。

2.9.3　整机阻力系数与极曲线

无人机整机阻力系数由各部件阻力和机翼诱导阻力组成。各部件阻力(废阻力)又由自身阻力和部件之间的干扰阻力组成。干扰阻力通常由实验求得,一般约占各部件总阻力的 10%。

在计算各部件总阻力时,通过各部件参考面积计算出各部件相对于机翼面积的阻力系数,相加求和后得到废阻力系数为

$$C_{D0} = C_{D0,w} + (C_{D1}S_1 + C_{D2}S_2 + C_{D3}S_3 + C_{D4}S_4 + \cdots)/S_W$$

式中,机身、尾翼、外整流包等部件的阻力系数分别为 C_{D1},C_{D2},C_{D3},C_{D4},$\cdots$,对应的参考面积为 S_1,S_2,S_3,S_4,$\cdots$。

引入修正因子,修正整机总废阻力系数为

$$C_{D0,A} = 1.1C_{D0}$$

整机阻力系数为总废阻力系数和机翼诱导阻力系数之和,有

$$C_D = C_{D0,A} + C_{Di}$$

式中,C_D 为无人机整机总阻力系数;$C_{D0,A}$ 为无人机整机总废阻力系数;C_{Di} 为无人机机翼的诱导阻力系数。

无人机整机的阻力为

$$D = \frac{1}{2}\rho V^2 C_D S_W$$

根据已知无人机的总阻力系数即可绘制出整架无人机的极曲线。通过从坐标原点对极曲线作切线,切点所对应的迎角就是有利迎角。以这个迎角飞行,无人机的升阻比最大。一般加上无人机其他各部分的阻力系数以后,机翼的有利迎角要改变。全机的有利迎角要比机翼本来的有利迎角大。机身等部分的阻力越大,增加的角度便越多。

2.9.4　无人机最大升阻比近似求解

假设无人机整机的废阻力系数不随迎角的改变而改变,绘制无人机极曲线,求解有利迎角和最大升阻比。此时无人机极曲线为一条抛物线,通过几何关系,在横坐标上可得机翼的诱导阻力系数 C_{Di} 与无人机整机总废阻力系数 $C_{D0,A}$ 相等。依据这个近似关系,可以计算出无人机整机理论上的最大升阻比,则有

$$C_{D0,A} = C_L^2/(\pi A)$$

式中,C_L 为最大升阻比时对应的升力系数。

最大升力系数为

$$C_{Lopt} = (\pi A C_{D0,A})^{\frac{1}{2}}$$

最大升阻比 K_{max} 为

$$K_{max} = C_{Lopt}/C_D = \left(\frac{\pi A}{2C_{D0,A}}\right)^{\frac{1}{2}}$$

在实际情况下,机翼的最大升阻比受诸多条件影响(如机翼的平面几何形状、机翼抛物线不是抛物线、机翼阻力系数会受迎角变化的影响而改变等),需要引入修正系数 K_{cor} 予以修正,则有

$$K_{\max} = K_{cor} \left(\frac{A}{C_{D0,A}} \right)^{\frac{1}{2}}$$

通过实验统计数据可知,中小型无人机的 K_{cor} 为 $0.7 \sim 0.8$,微型无人机的 K_{cor} 为 $0.5 \sim 0.6$。该公式可以简单估算无人机的最大升阻比,并根据升力系数 C_{Lopt} 在极曲线上查找出有利迎角。

2.10　无人机的操作稳定性

无人机在飞行时,自身所受的外力和力矩相互平衡抵消时,飞机呈匀速直线飞行,此时飞机处于完全平衡状态。当飞机处于爬升或盘旋上升时,无人机的力矩平衡,但受力不平衡,此时无人机处于部分平衡飞行状态。部分平衡飞行状态是指无人机所受的力矩或力一部分得到平衡即可。平衡状态下机体轴规定如图 2-12 所示。

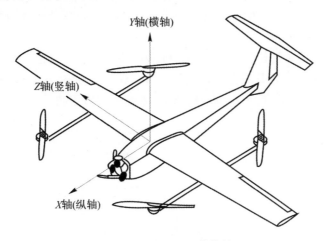

图 2-12　无人机机体体轴

2.10.1　无人机重心与平均气动弦长

无人机要处于平衡状态飞行,所受力和力矩均要处于平衡状态。在分析平衡问题时,首先要确定无人机的重心位置和平均气动弦长。

无人机的重心是指机身及各个部件所受重力合力的作用点。由于无人机通常是对称结构,所以重心一般位于对称面上,其相对于机体纵轴方向的位置对飞机的影响较大。无人机常用的中心位置直接测定方法有直接测量法、吊线法和称重法等。

1. 直接测量法

用两块楔形木块或左右手各一个手指对称地在左右机翼下表面支撑无人机,并沿机身纵轴方向前后移动,当无人机处于水平状态时、楔形木块或手指所支撑的位置就是重心位量。

2. 吊线法

通过两次起吊无人飞机，重锤线相交点就是重心位置，这种方法可以同时测得重心的前后和上下位置。

3. 称重法

对大型的无人飞机，如果是前三点式起落架，将无人飞机纵轴放成水平位置。分别将飞机的 1 个前轮和 2 个尾轮分别置于电子秤称盘上称重。获得 1 个前轮的重量是 W_1。2 个尾轮轮的尾轮的重量分别是 W_2。无人飞机的总重量是 $W = W_1 + 2W_2$。根据平面内合力对某点的力矩等于各分力对该点之矩的代数和，则通过各个轮上的力作用于前轮轮轴的力矩与重力作用于前轮轮轴的力矩相等，求解重心相较于前轮的距离，确定重心。设 l_1 为是前轮轴与尾轮轴的距离，全机重心到前轮轮轴的距离为 l_2，则 $l_2 = \dfrac{2W_2}{W}$。后三点式起落架的无人机重心计算方法基本一致。

无人机在飞行过程中，机翼的空气动力通常被认为是作用在压力中心上。机翼上压力中心的空气动力合力相对于无人机重心产生力矩，影响飞机的俯仰平衡。机翼压力中心的位置记为距离机翼前缘的距离，其距离数值用机翼弦长的百分数来表示。

如果机翼的外形不是矩形，则要引入"平均气动弦长"。"平均气动弦长"是指在机翼面积相等的情况下，在一迎角下有相同空气动力合力和压力中心位置的矩形机翼的弦长。平均气动弦长的计算方法有如下几种。

（1）梯形机翼平均气动弦长。如图 2-13 所示，AB 和 CD 是翼根弦和翼尖弦，在 AB 延长线上截取 $BE = CD$，在 CD 延长线上截取 $DF = AB$，G、H 分别是 AB 和 CD 的中点，连接 EF 与 GH 交于 P。过 P 作 $A'B'$ 平行于 AB，则 $A'B'$ 就是平均力矩弦。

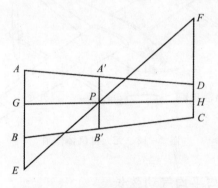

图 2-13　梯形机翼平均气动弦长

（2）矩形与梯形组合机翼平均气动弦长。组合型机翼平均气动弦长需要先求出两段机翼的平均气动弦长，将各平均气动弦长的相互对应的顶点相互连接在一起，在顶点连线上，选择一点，使两段线段之比等于机翼面积之比。从该点处作平行于机翼弦的平行线，确定平均气动弦长（见图 2-14）。

（3）梯形机翼圆翼尖形式的平均气动弦长。延长前后缘，在适当位置作一翼根弦的平行线，使线右侧减少的机翼面积等于左侧增加的面积，此时相当于梯形机翼，再按梯形机翼取平均力矩弦，如图 2-14 所示。对于完全呈椭圆形的机翼，可以先求出平均弦长，再用逐渐接近的方法在图上确定平均矩弦的位置（见图 2-15）。

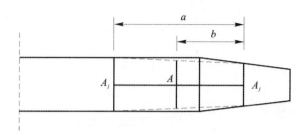

图 2-14　矩形与梯形组合机翼平均气动弦长

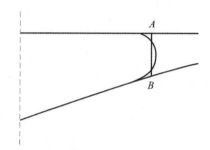

图 2-15　梯形机翼圆翼尖形式的平均气动弦长

2.10.2　无人机的稳定性

无人机受扰动后恢复平衡状态的能力称为无人机的稳定性。小型无人机飞行速度低,相对大型飞机易受气流扰动的影响。稳定性对于无人机控制和结构设计来说非常重要。无人机的稳定性可以分为静稳定性和动稳定性。静稳定性是指无人机受外界干扰后,恢复原有平衡状态的能力;动稳定性是指无人机恢复平衡状态的速度。

1. 无人机纵向稳定性

当无人机在匀速直线飞行时,没有绕机体横轴(Z 轴)转动的趋势时,此时无人机处于俯仰平衡状态(纵向平衡状态)。在无人机设计时,相较于无尾翼无人机来说,配置水平尾翼可以在飞机重心处产生恢复力矩,使飞机保持纵向平衡。

无人机尾翼的焦点与机翼的焦点上升力的合力的作用点就是无人机机身的焦点。无人机机身焦点和重心的相对位置关系会对飞机的稳定性产生影响。设无人机沿水平方向匀速飞行过程中,在纵向平衡时,无人机机翼和水平尾翼产生的升力为 L,无人机的重力为 G。当无人机重心在机身焦点之前时,随着迎角增大或升力增加,机翼和水平尾翼上的升力增量分别为 ΔL_W 和 ΔL_H,其合力为($\Delta L_W + \Delta L_H$),并作用在无人机焦点上,相对于无人机重心产生一个具有纵向稳定效果的低头力矩(见图 2-16)。

当无人机重心在机身焦点之前时,随着迎角减小或升力降低,机翼和水平尾翼上的升力增量分别为 $-\Delta L_W$ 和 $-\Delta L_H$,其合力为 $-(\Delta L_W + \Delta L_H)$,并作用在无人机焦点上,相对于无人机重心产生一个具有纵向稳定效果的抬头力矩(见图 2-17)。

当无人机的重心位于机身焦点之后时,无论机翼迎角增大还是减小,作用于机翼和水平尾翼上的升力增量均会对无人机重心产生一个不稳定的力矩,使无人机的不稳定状态进一步的加强。

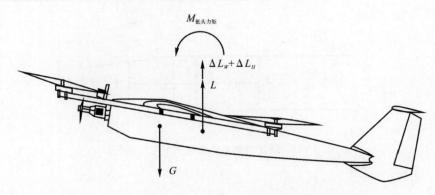

图 2-16　无人机抬头时水平尾翼相对机身焦点产生低头力矩

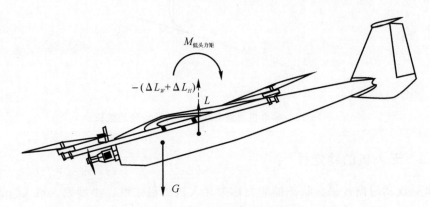

图 2-17　无人机低头时水平尾翼相对机身焦点产生抬头力矩

无人机焦点位置的近似计算公式为

$$X_F = 0.25 + k_F(S_H l_H / (S_W c))$$

式中，X_F 为机身焦点离机翼前缘的距离，用翼弦长度的百分数表示；k_F 为考虑水平尾翼受机翼后洗气流等因素影响的修正系数，为 $0.7 \sim 0.8$；S_H 为机翼面积；S_W 为水平尾翼面积；l_H 为平尾力臂；c 为机翼弦长。

为简化计算，将 $S_H l_H / (S_W c)$ 用一个常数 A_{pi} 来代替，称为俯仰稳定系数。其中，有水平尾翼的无人机，俯仰稳定系数 A_{pi} 为 $0.9 \sim 1.1$。

由于无人机重心位置高低和迎角变化等因素也会对俯仰稳定性产生影响，所以为了更好地衡量无人机的俯仰稳定性，引入俯仰稳定度（俯仰稳定度是指无人机的单位升力系数变化时其俯仰力矩系数的变化量）。

俯仰稳定度的近似计算公式为

$$m_z^{C_L} = -(X_0/c) - Y_0(0.44C_L + \alpha_0/57.3)/c$$

式中，$m_z^{C_L}$ 为无人机的俯仰稳定度，负值表示稳定；X_0 为重心到焦点的距离，重心在焦点前为正值，在焦点后为负值；c 为机翼弦长；Y_0 为重心与焦点垂直方向距离，重心在焦点下为正，在焦点上为负；C_L 为机翼升力系数；α_0 为翼型零升力迎角。

2. 无人机横向稳定性

无人机的横向稳定性与航向稳定性在飞行时关联密切,通常一起研究。通过试飞实验,确定无人机上反角和垂尾配合的合理性,以达到增强无人机的横侧稳定性的目的。在飞行过程中,中小型无人机通常会遇到盘旋不稳定和飘摆不稳定两种情况的影响。其中,飘摆不稳定是指无人机受扰动产生侧滑后,垂直尾翼和上反角不能有效消侧滑划现象,上反角消除侧滑的力和力矩过强,使飞机反复产生反向倾斜,无人机不断出现左右摇摆的不稳定现象;无人机盘旋不稳定现象是由无人机横向稳定性差,航向稳定性过强,飞机倾斜后,垂尾和机翼会继续产生加剧机身倾斜的力和力矩,使无人机进入盘旋飞行状态。

3. 无人机动稳定性波状问题

无人机在飞行过程中反复出现抬头和低头的飞行现象,并且飞行高度逐步降低,航迹呈现波浪形的动态飞行不稳定现象。常见的波状飞行现象分为尖顶波状飞行和圆顶波状飞行(见图 2-18、图 2-19)。引起波状飞行的主要因素为飞机平衡不好,静稳定性差,易受外界扰动快速产生抬头动作并超过机翼临界角,飞机失速下坠后再次抬头,如此反复产生波状飞行。波状飞行除了由结构平衡不足、重心偏移等因素引起外,也会受突风、进入湍流、强烈上升气流等外部气流变化影响而产生波状飞行。

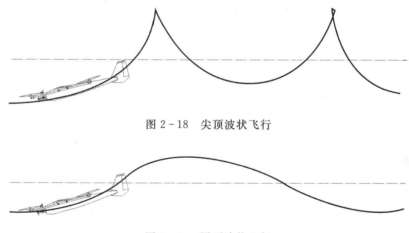

图 2-18　尖顶波状飞行

图 2-19　圆顶波状飞行

4. 提高无人机动稳定性的方法

提高无人机稳定性的思路主要为发挥水平位移的阻尼作用、优化机身重量的空间分布。

(1)水平尾翼的减摆作用。水平尾翼一般离重心较远。在无人机出现波状飞行后,机身绕横轴摆动,水平尾翼迎角随之发生变化。无人飞机抬头时,尾翼迎角增大,升力也增大,产生使无人机低头的力矩。当无人机机头向下摆时,尾翼迎角减小,升力减小,结果产生使机头上仰的力矩。就这样,水平尾翼起着阻止无人机上下摆动的作用,这种阻尼作用占整个无人机各部分减摆作用的 85%。机翼减摆作用仅占 5% 左右。水平尾翼的阻尼作用与其面积、尾力臂长度、飞行速度和安装角有关。

(2)无人机的重量(质量)分布。无人机各部分的重量分布,特别是沿机身(纵轴)方向的分布,对于俯仰动稳定性有很大的影响。重量纵向分布的作用通常用无人机对横轴的转动惯量来表示。它等于无人机绕横轴转动时,各部件的惯性力矩之和。转动惯量大,无人机出现波状飞行后就难以恢复,动稳定性不好。因此机头或机尾很长并且头、尾很重的无人机,纵向动稳定性不会好。无人机的重量越是集中在重心附近,总重量越轻,动稳定性越好。在制作无人机时,应在保证刚度和强度的条件下,尽可能减轻机身和垂直尾翼、水平尾翼的重量。

(3)无人机重心位置的影响。为了使无人机在受到扰动后能产生足够大的恢复力矩,应使重心在无人机焦点前保持一定的距离,即有一定的静稳定性。但如果重心过分靠前反而会因为恢复力矩过大,而使无人机恢复动作过强,引起严重的波状飞行。

第3章　工业复合翼无人机飞行控制

3.1　飞行控制概述

　　飞行控制是指通过某种手段,使用一定的设备,对飞行器的飞行运动所进行的控制。飞行器的飞行运动主要包括重心的线运动和绕重心的角运动。实现飞行器飞行控制所使用的设备(由机构、装置所组成并建立的开环或闭环的信息传递链),称为飞行控制系统。飞行控制系统通常由机械、电气、电子和液压等部件组成,可以是由钢索、连杆和摇臂等组成的开环操纵系统,也可以是由机械、电气、电子和液压等部件所组成的闭环反馈控制系统。

　　飞行控制系统可以根据系统中是否有驾驶员的参与,分为人工飞行控制系统与自动飞行控制系统。

　　(1)人工飞行控制系统,是由机械、液压/电气和电子等部件组成的系统。该系统传输并增强驾驶员的人工操纵指令来实现飞行控制的目的。这类控制主要包括对飞机的纵向、横向以及油门等的控制。

　　(2)自动飞行控制系统,由电气、电子、机械和液压部件等组成,该系统产生并传递自动控制指令,实现自动或半自动的飞行控制。它是一种全部或部分代替驾驶员控制和稳定飞机的控制系统。

3.1.1　飞行控制系统的发展

　　早期有人驾驶飞机的飞行控制系统,是由驾驶杆、摇臂或钢索、滑轮等组成的机械传动机构。利用该机构,将驾驶员的操纵指令(驾驶杆或者脚蹬的机械位移)直接与飞机的气动操纵面(升降舵、副翼和方向舵等)相连接,并通过人的体力实现对飞机运动的控制,如图3-1所示。

图3-1　机械操纵系统

　　随着飞机飞行包线的扩大,飞行性能的提高、各气动舵面载荷的增长,人的体力已无法支撑在高负荷下的长时间飞行,这时出现了助力器来减轻人的操纵压力,人只需要将操纵指令传递到助力器的控制阀即可,助力器将直接操纵舵面并承受舵面的铰链力矩。之前采用机械操纵系统时舵面的铰链力矩可以直接回传给操纵杆,从而驾驶员可以根据感受到的铰链力矩的大小来决定需要施加操纵量的大小。采用助力系统后舵面的铰链力矩无法直接回传给驾驶员,此时需要一个"人工感觉"系统来模拟舵面的铰链力矩,如图 3-2 所示。

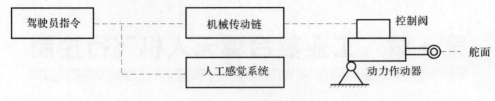

图 3-2 助力操纵系统

增稳系统是在上述机械操纵系统的基础上,利用反馈原理设计而成,旨在提高飞机动稳定性的一种飞行控制系统。随着飞行包线的扩大,飞机很难在全包线内满足飞行品质的各项要求,有些飞机在飞行包线内的某个区域出现稳定性不足,甚至是静不稳定的情况,这时就需要增稳系统来保证飞机的正常飞行。

典型增稳系统的工作原理是:在保持原机械操纵系统控制飞机运动功能的同时,使用传感器装置测量飞机绕其机体轴的角速率、飞机过载和迎角、侧滑角,并将这些物理量替换成电信号,然后传送给飞控计算机,根据预先设计好的控制律解算出舵面运动的指令,将该指令传送给执行结构,驱动飞机的气动舵面,并因此产生气动力矩为飞机提供附加的运动阻尼和稳定性,如图 3-3 所示。

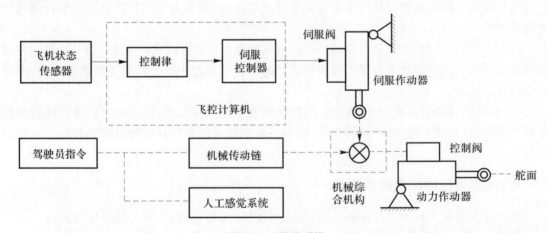

图 3-3 增稳系统

众所周知,飞机的稳定性和机动性是相互制约的,亦即增加了稳定性的飞机,必将在一定程度上损失其机动能力。控制增稳的概念正是为解决机动性和稳定性这一组矛盾而提出的,控制增稳系统的原理框图如图 3-4 所示。该系统与增稳系统在结构上的差别仅在于将驾驶员的机械指令馈送到增稳回路,从而构成控制增稳系统。控制增稳系统不仅解决了飞机稳定性和机动性之间的矛盾,而且通过杆力/杆位移的电气信号修正,极大地减轻了驾驶员的工作负担,并且在一定条件下,可以认为控制增稳系统是原有机械操纵系统的一个余度。

电传飞行控制系统则是将控制增稳系统中的机械传动链完全去掉,从而变成了一个全时工作、全权限控制气动舵面的控制增稳系统,如图 3-5 所示。需要强调的是,电传飞行控制系统在完全取消了机械操纵链之后,由于电子、电气器件所组成的单电气信号传输系统的可靠性无法同机械操纵链相比,所以无法满足飞行控制系统的可靠性要求。所以,电传操纵系统通常都是以多余度的形式实现的。

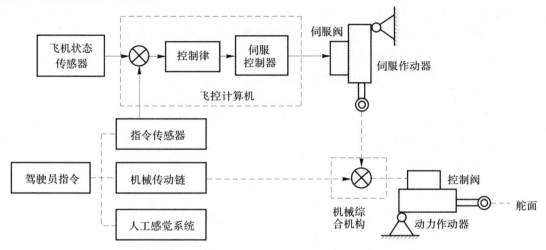

图 3-4　控制增稳系统

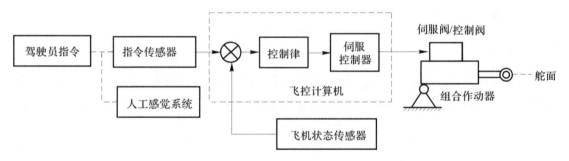

图 3-5　电传操纵系统

随着计算机技术的飞速发展,飞控计算机已经成为飞行控制系统的核心装置。这种数字式的飞行控制系统也为主动控制技术、余度技术和容错控制等新技术应用和更复杂系统的综合提供了实现的可能性。这些新技术的应用使得飞行控制系统的功能在不断地发展,成为飞行器设计中不可或缺的重要的技术。

3.1.2　自动飞行控制系统的基本原理

飞行控制系统的作用是操作飞机完成飞行任务提供操纵。在介绍自动飞行控制系统之前,首先来看一下人工驾驶飞机的操纵原理,如图 3-6 所示。

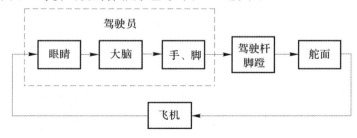

图 3-6　人工驾驶飞机的原理框图

　　人工驾驶方式的特点是驾驶员不但要亲自对飞机周围的环境进行观察以及从领航员、调度员和指示仪表中获得飞行信息，而且还要独立地决策并操纵驾驶杆来完成控制动作。在整个过程中，眼睛作为传感器来观察仪表盘上地平陀螺仪的变化，大脑作为处理器以及专家系统负责按照一定的规律来处理所接收到的信息并做出决策，手、脚作为执行机构将大脑做出的决策信息作用在驾驶杆和脚蹬上，操纵舵面的偏转。

　　飞行控制系统自动驾驶飞机的过程与人工驾驶飞机的过程类似。首先通过敏感元件测量飞机的飞行状态，然后由飞控计算机根据所测信息、预置指令以及预先设计好的控制律进行解算，并将控制信号输出给执行机构来驱动操纵舵面，从而产生相应的气动力和气动力矩来控制飞机的飞行状态。自动飞行控制系统如图3-7所示。

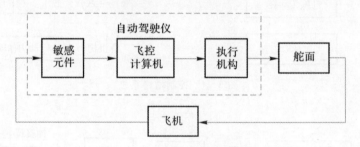

图3-7　自动飞行控制系统

　　由此可见，自动驾驶仪中的敏感元件、飞控计算机和执行机构可以代替驾驶员的眼睛、大脑与肢体，自动控制飞机的飞行。这三部分是实现自动飞行控制的必备要素，组成自动驾驶仪。

　　典型的飞行控制系统通常包括三个反馈回路：舵回路、稳定回路和控制（制导）回路，如图3-8所示。

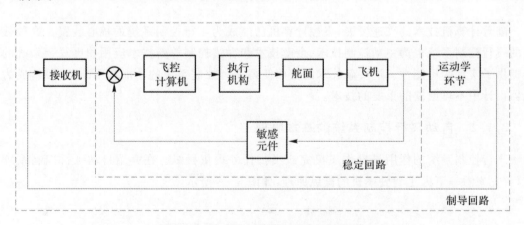

图3-8　典型飞行控制系统的回路情况

　　根据飞行任务需求，可以选配各种功能的控制系统，图3-9为目前已经得到广泛使用的飞行控制系统的结构图。随着现代控制理论与计算机技术的迅速发展，飞行控制系统的功能和作用也会得到进一步的完善和扩展，使得飞行器的性能更加优秀，用途更加广泛。

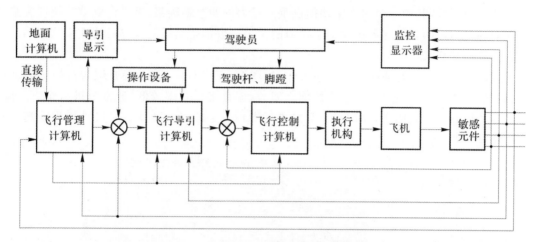

图 3-9　典型飞行控制系统的结构图

　　自动飞行控制系统本质上是用一些设备或者器件代替人来操纵飞机。由于人有着很强的的学习能力和思维能力,所以目前自动飞行控制系统并不能完全取代人,只能代替人做一些简单的或者程序化的工作。随着人工智能的发展,也许未来具有自主思考和决策能力的智能控制系统的出现,可以实现无人机更大的智能化,进一步减轻操纵人员的负担。

3.2　复合翼无人机的飞行和操纵原理

　　图 3-10 为复合翼无人机的一种典型构型。独特的构型使得复合翼无人机既可以垂直起降,又能以固定翼模式高速飞行。

图 3-10　复合翼无人机

3.2.1　飞行方式

　　复合翼无人机具有垂直起降时的多旋翼飞行模式、巡航飞行时的固定翼飞行模式以及两种飞行模式之间相互转换的过渡飞行模式等 3 种。以图 3-10 的复合翼无人机为例,其有两套独立的动力系统,其中一套用来驱动提供垂直拉力的四个螺旋桨,另一套驱动前拉螺旋桨来提供向前的拉力。两套动力系统螺旋桨拉力的大小一般都是通过调整电机转速来改变的。

1.垂直起降模式

垂直起降模式飞行时前拉螺旋桨不工作,如图3-11所示。其飞行原理与常规的多旋翼飞行器一样。该模式虽然也具有一定的前飞能力,但是飞行效率较低,通常只进行垂直起降。为了尽可能缩短该模式的飞行时间,通常只要起飞到一定的安全高度就尽快转换为固定翼模式进行爬升、巡航等。

图3-11 复合翼无人机垂直起降模式

2.固定翼飞行模式

固定翼模式飞行时,飞机的动力全部由前拉螺旋桨提供,如图3-12所示。此时,断开垂直方向螺旋桨的动力,螺旋桨随风自由旋转。

图3-12 复合翼无人机固定翼模式

3.过渡飞行模式

过渡飞行模式包括两种:旋翼模式向固定翼模式的过渡和固定翼模式向旋翼模式的过渡。过渡飞行过程也是两套动力系统之间相互转换的过程。过渡过程中两套动力系统的螺旋桨都工作,如图3-13所示。

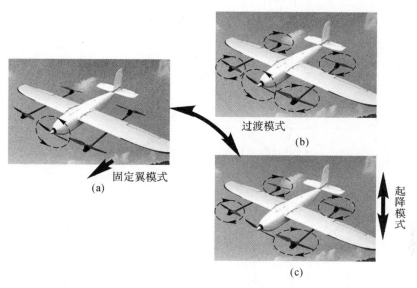

图3-13　复合翼无人机过渡过程

以旋翼模式向固定翼模式过渡来说,过渡开始时启动前拉螺旋桨并逐渐增大拉力,飞机向前加速。过渡飞行时全机的升力逐渐从由多旋翼提供变为由机翼提供,同时操纵权限也从多旋翼操纵系统转移到固定翼操纵系统。

固定翼模式向旋翼模式过渡可以有多种方式,其中一种为过渡开始时关闭前拉螺旋桨动力,飞机按照正常姿态前飞,利用飞机阻力进行减速,同时启动垂直方向上的螺旋桨来弥补速度减小后升力的不足,整个过渡过程飞机可以保持定高飞行。直到飞行速度减下来,全机升力都由垂直方向上的螺旋桨来提供,即完成了固定翼模式向旋翼模式的过渡。这种过渡方式的优点是整个过程飞机姿态平稳,缺点是这种过渡方式由于飞机受到的阻力较小,所以减速较慢,整个过渡过程持续的时间较长。为了加快飞机减速,可以采用增大飞机的俯仰角来增大阻力,或者采用能量转换的方式,切断前拉动力后使飞机抬头爬高,将动能转化为势能,实现快速减速并转换为旋翼模式。

3.2.2　操纵原理

为了满足多飞行模式的操控要求,复合翼无人机有两套操纵系统,即旋翼模式操纵系统和固定翼模式操纵系统。

1.旋翼模式操纵原理

垂直起降时旋翼既是升力系统又是操纵系统,通过调整不同螺旋桨的转速,从而达到控制飞机的目的。垂直起降时复合翼无人机可以简化为如图3-14所示的X构型的四旋翼。

旋翼模式飞行时通过调节四个电机转速来改变旋翼转速,实现升力的变化,从而控制飞行器的姿态和位置。图3-14中四旋翼飞行器的电机1号和电机3号逆时针旋转,电机2号和电机 4 号顺时针旋转,因此当飞行器平衡飞行时,陀螺效应和空气动力扭矩效应均被抵消。其垂直运动、俯仰运动、滚转运动、偏航运动、前后运动和左右运动的操纵原理如图 3-15 所示。

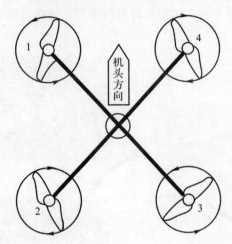

图 3-14 复合翼无人机垂直起降时的简化构型

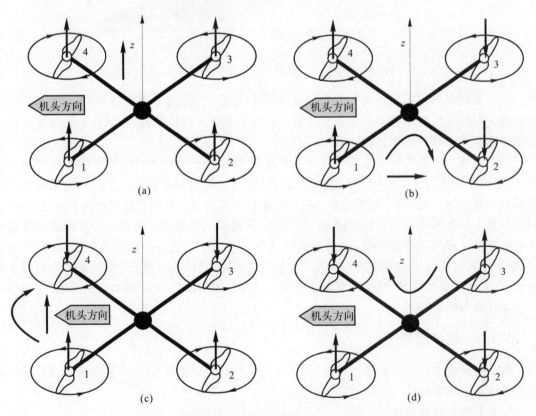

图 3-15 复合翼无人机旋翼模式各自由度的控制原理
(a)垂直运动;(b)俯仰运动和前后运动;(c)滚动运动和左右运动;(d)偏航运动

如图 3-15 所示,垂直运动时,对 4 个螺旋桨的转速同时增大或者减小。俯仰运动和前后运动则通过差动改变前后两组螺旋桨的转速来实现,滚转运动和左右运动通过差动调整左右两组螺旋桨的转速来实现。偏航运动则是通过螺旋桨反扭矩的改变来实现,比如,图 3 - 15 (d)中,增大电机 1 和电机 3 的转速,则电机 1 和电机 3 产生的顺时针的反扭矩增大,同时减小电机 2 和电机 4 的转速,电机 2 和电机 4 产生的逆时针的反扭矩减小,这样飞机所受的总的力矩为顺时针方向,即实现了飞机的右偏航操纵。

2.固定翼模式操纵原理

复合翼无人机固定翼模式飞行可操纵的输入有副翼、升降舵、方向舵和前拉螺旋桨的油门,如图 3 - 16 所示。此时即为常规固定翼飞机,操纵原理不再赘述。

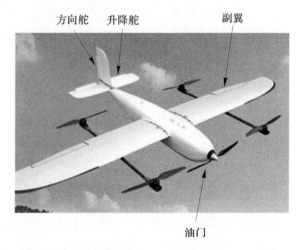

图 3 - 16　复合翼无人机固定翼模式可操纵的输入

3.过渡模式操纵原理

复合翼无人机过渡模式飞行时旋翼操纵系统和固定翼操纵系统都工作,且需要实现两套操纵系统的操纵权限切换。

以旋翼模式向固定翼模式转换为例,过渡初期飞机速度较小,固定翼的舵效较低,此时主要靠旋翼操纵系统来控制飞机的姿态。随着飞机速度的增大,固定翼舵效逐渐增大,此时旋翼操纵系统的操纵权限可以适度的减弱,直到最后转换为固定翼模式时旋翼操纵系统的操纵权限减为零,此时完全由固定翼操纵系统来控制飞机。在整个过渡过程中,随着固定翼舵效的增大,旋翼操纵系统的操纵权限需要逐渐减弱,从而确保两套操纵系统总的操纵能力不出现较大的波动,实现过渡过程的平滑稳定控制。

3.3　复合翼无人机飞行动力学

复合翼无人机通常在大气层内飞行,所以本节只介绍航空器飞行动力学。飞行动力学是研究飞行器在大气层内运动规律的学科。对飞机的飞行动力学特性进行深入的了解,有助于制定合适的控制策略并设计相应的控制系统对飞机进行控制。

刚体飞行器在空间中的运动可以分为两部分:质心的线运动和绕质心的转动运动。其在空间中的运动具有六个自由度:三个自由度的质心运动和三个自由度的角运动。无论什么构型的刚体飞行器,在空中都具有六自由度运动特性,都遵循经典的六自由度运动方程。从力学的角度来看,研究飞机在空中飞行时的稳定性、操纵性等特性,都是研究飞机在外力和力矩的作用下,各个运动参数随时间变化的特性,所以要想对飞机特性进行分析,首先需要建立飞机的运动方程。

作用在飞机上的重力、发动机推力和空气动力的产生原因各不相同,为了方便描述各个变量需要选取合适的坐标系。比如,空气动力适合在气流坐标系里描述,重力在地面坐标系里描述比较方便。此外,为了建立飞行器的六自由度方程,需要将各个参考系下的变量转换到统一的坐标系进行描述。所以定义合适的坐标系以及建立各坐标系之间的转换关系就显得很有必要。

本节的主要内容是,定义常用的坐标系及对坐标系之间的转换关系进行介绍,建立复合翼无人机的运动方程,并对运动方程的配平和小扰动线性化方法进行说明,最后对飞机的操纵性、稳定性进行介绍。

3.3.1　常用坐标系及其转换

文中的坐标系均采用欧美轴系,并符合右手定则。

1. 常用坐标轴系

(1)地面坐标轴系 $O_g x_g y_g z_g$。原点 O_g 位于地面任意选定的某固定点(例如飞机的起飞点);$O_g x_g$ 轴指向地平面某任一选定的方向;$O_g z_g$ 轴铅锤向下;$O_g y_g$ 轴垂直 $O_g x_g z_g$ 平面,方向根据右手定则确定。

在忽略地球自转和地球质心曲线运动的情况下,可以认为地面坐标系是惯性坐标系。飞行器的重力、位置、姿态、地速以及加速度等都是相对于该坐标系来定义的。

(2)机体坐标轴系 $O x_b y_b z_b$。机体坐标系原点 O 位于飞行器的质心;$O x_b$ 轴在飞行器对称平面内平行于机身轴线并指向机头;$O z_b$ 轴在对称平面内且垂直于 $O x_b$ 轴,指向下;$O y_b$ 轴垂直于对称平面,指向右。

气动力矩的三个分量是在该坐标轴系上定义的。

(3)气流坐标轴系 $O x_a y_a z_a$。气流坐标系也叫速度坐标系。它的原点 O 位于飞行器质心;$O x_a$ 轴指向飞行器的空速方向;$O z_a$ 轴位于对称平面内垂直于 $O x_a$ 轴,指向下;$O y_a$ 轴垂直于 $O x_a z_a$ 平面,指向右。

飞行器所受的气动力的 3 个分量:升力 L、阻力 D 和侧力 C 是在该轴系上定义的。

(4)航迹坐标轴系 $O x_k y_k z_k$。航迹坐标系的原点 O 位于飞行器的质心;$O x_k$ 轴指向飞行器的地速方向;$O z_k$ 轴位于包含 $O x_k$ 轴的铅垂平面内,垂直于 $O x_k$ 轴指向下;$O y_k$ 轴垂直于 $O x_k z_k$ 平面指向右。

2. 坐标轴系之间的转换

通常为了方便描述飞机的空间运动状态,需要选取多个参考坐标系。但是为了建立飞机的运动方程,需要将各个坐标系上的力和力矩统一到指定的坐标系中。坐标系之间的转换是进行飞行动力学建模不可缺少的环节。

(1)地面坐标系 $O_g x_g y_g z_g$ 与机体坐标系 $O x_b y_b z_b$。地面坐标系与机体坐标系之间的关系可以通过飞机的姿态角来描述。其中:俯仰角 θ 为机体轴 x 与水平面之间的夹角,抬头为正;滚转角 φ 为机体轴 z 与通过机体轴 x 的铅垂面间的夹角,飞机向右滚转为正;偏航角 ψ 为机体轴 x 在水平面上的投影与地轴 x_g 之间的夹角,机头右偏航为正。

假如将地面坐标系与机体坐标系的原点移在同一个点上,则地面坐标系可通过 3 次旋转后与机体坐标系重合,3 次旋转的角度分别为 3 个欧拉角。具体的旋转过程此处不进行详细说明,只列出最后得出的由地轴系 $O_g x_g y_g z_g$ 到体轴系 $Ox_b y_b z_b$ 的转换矩阵 $\boldsymbol{R}_g^b$ 为

$$\boldsymbol{R}_g^b = \begin{bmatrix} \cos\theta\cos\psi & \cos\theta\sin\psi & -\sin\theta \\ \sin\theta\sin\varphi\cos\psi - \cos\varphi\sin\psi & \sin\theta\sin\varphi\sin\psi + \cos\varphi\sin\psi & \sin\varphi\cos\theta \\ \sin\theta\cos\varphi\cos\psi + \sin\varphi\sin\psi & -\sin\varphi\cos\psi & \sin\theta\cos\varphi\sin\psi & \cos\varphi\cos\theta \end{bmatrix}$$

$$(3-1)$$

(2)地面坐标系 $O_g x_g y_g z_g$ 与航迹坐标系 $Ox_k y_k z_k$。地面坐标系与航迹坐标系之间的关系可以通过飞机的航迹角来描述。根据两种坐标轴系的定义,Oz_k 和 $O_g z_g$ 均位于垂直平面内,故只存在两个航迹角。其中:航迹倾斜角 μ 为飞行速度矢量 $\boldsymbol{V}$ 与水平面间夹角,飞机向上飞时为正;航迹方位角 φ 为飞行速度矢量 $\boldsymbol{V}$ 在水平面上的投影与地轴 $O_g x_g$ 之间的夹角,投影在 $O_g x_g$ 右侧为正。

同样可以将两个坐标系的原点移在同一个点上,然后通过旋转使两个坐标系重合,求解获得由地轴系 $O_g x_g y_g z_g$ 到航迹坐标系 $Ox_k y_k z_k$ 的转换矩阵 $\boldsymbol{R}_g^k$ 为

$$\boldsymbol{R}_g^k = \begin{bmatrix} \cos\mu\cos\varphi & \cos\mu\sin\varphi & -\sin\mu \\ -\sin\varphi & \cos\varphi & 0 \\ \sin\mu\cos\varphi & \sin\mu\sin\varphi & \cos\mu \end{bmatrix}$$

$$(3-2)$$

(3)地面坐标系 $O_g x_g y_g z_g$ 与气流坐标系 $Ox_a y_a z_a$。地面坐标系与气流坐标系之间的关系可以通过航迹倾斜角 μ、航迹方位角 φ 和航迹滚转角 γ 来描述。其中:航迹滚转角 γ 为速度轴 Oz_a 与通过速度轴 Ox_a 的铅垂面间夹角,飞机向右滚转时为正。

同样,可求解获得地面坐标系 $O_g x_g y_g z_g$ 到气流坐标系 $Ox_a y_a z_a$ 的转换矩阵 $\boldsymbol{R}_g^a$ 为

$$\boldsymbol{R}_g^a = \begin{bmatrix} \cos\mu\cos\varphi & \cos\mu\sin\varphi & -\sin\mu \\ \sin\mu\sin\gamma\cos\varphi - \cos\gamma\sin\varphi & \sin\mu\sin\gamma\sin\varphi + \cos\gamma\cos\varphi & \sin\gamma\cos\mu \\ \sin\mu\cos\gamma\cos\varphi + \sin\gamma\sin\varphi & \sin\mu\cos\gamma\sin\varphi - \sin\gamma\cos\varphi & \cos\gamma\cos\mu \end{bmatrix}$$

$$(3-3)$$

(4)航迹坐标系 $Ox_k y_k z_k$ 与气流坐标系 $Ox_a y_a z_a$。航迹坐标系与气流坐标系间的相互关系,在无风的情况下,只需要航迹滚转角 γ 即可确定。对应的从航迹坐标系 $Ox_k y_k z_k$ 到气流坐标系 $Ox_a y_a z_a$ 的转换矩阵 $\boldsymbol{R}_k^a$ 为

$$\boldsymbol{R}_g^a = \begin{bmatrix} 1 & 0 & 0 \\ 0 & \cos\gamma & \sin\gamma \\ 0 & -\sin\gamma & \cos\gamma \end{bmatrix}$$

$$(3-4)$$

(5)气流坐标系 $Ox_a y_a z_a$ 与机体坐标系 $Ox_b y_b z_b$。气流坐标系与机体坐标系间的相互关系,由于 Oz_a 和 Oz_b 轴同在飞行器纵向对称平面内,故只需两个角度迎角 α 和侧滑角 β 即可确定其相对位置。其中,迎角 α 为飞行速度矢量 $\boldsymbol{V}$ 在飞行器对称平面上的投影与机体轴 Ox_b 之间的夹角,正常飞行时,投影线在 Ox_b 的上方时定义 α 为正;侧滑角 β 为飞行速度矢量 $\boldsymbol{V}$ 与飞行器对称平面之间的夹角,速度矢量 $\boldsymbol{V}$ 在对称面右方时定义 β 为正。

则可获得气流坐标系 $Ox_a y_a z_a$ 到机体坐标系 $Ox_b y_b z_b$ 的转换矩阵 $\boldsymbol{R}_a^b$ 为

$$\boldsymbol{R}_g^a = \begin{bmatrix} \cos\alpha\cos\beta & -\cos\alpha\sin\beta & -\sin\alpha \\ \sin\beta & \cos\beta & 0 \\ \sin\alpha\cos\beta & -\sin\alpha\sin\beta & \cos\alpha \end{bmatrix}$$

$$(3-5)$$

3.3.2 复合翼无人机运动方程

由于飞机是一个复杂的系统,建立飞机运动的数学模型时对所有影响因素都进行考虑的工作量是非常巨大的,也是没有必要的。只须抓住一些主要影响因素即可,为此,首先需要引入一些基本假设:假设地球为平面大地,忽略地球的曲率和自转;飞行器为刚体,不考虑机体弹性变形和旋转部件的影响;大气为静止大气,不考虑风的影响;重力加速度为常值;将飞机质量视为常数等,相对于飞机的总质量而言,飞机的燃油和滑油的单位时间消耗量不大,所以,这样处理对研究飞机飞行动力学问题是允许的。

1. 刚性飞行器动力学方程

由于作用在飞机上的空气动力一般是在气流坐标系描述的,重力是在地轴系上表达的,所以为了方便起见,通常将力都转换到体轴系来表达。基于体轴系的飞行器运动方程为

$$m\left(\frac{\mathrm{d}\boldsymbol{V}}{\mathrm{d}t} + \boldsymbol{\omega}\times\boldsymbol{V}\right) = \boldsymbol{F}_\mathrm{a} + \boldsymbol{G} \tag{3-6}$$

$$\frac{\mathrm{d}\boldsymbol{h}}{\mathrm{d}t} + \boldsymbol{\omega}\times\boldsymbol{h} = \sum\boldsymbol{M} \tag{3-7}$$

式中,m 为飞机质量;$\boldsymbol{V}$ 为飞机的空速;$\boldsymbol{\omega}$ 为体轴系相对于地轴系旋转角速度矢量;$\boldsymbol{F}_\mathrm{a}$ 为作用在飞机上的空气动力矢量,由于复合翼无人机的动力是通过螺旋桨产生的,所以也包括在这里面;$\boldsymbol{G}$ 为飞机的重力矢量;$\boldsymbol{h}$ 为机体相对于质心的动量矩矢量;$\sum\boldsymbol{M}$ 为作用在飞机上的外力矩矢量。

将式(3-6)、式(3-7)写成标量形式,有

$$m\cdot\left(\begin{bmatrix}\dot{u}\\\dot{v}\\\dot{w}\end{bmatrix} + \begin{bmatrix}0 & -r & q\\r & 0 & -p\\-q & p & 0\end{bmatrix}\cdot\begin{bmatrix}u\\v\\w\end{bmatrix}\right) = \begin{bmatrix}F_x\\F_y\\F_z\end{bmatrix} \tag{3-8}$$

$$\left(\begin{bmatrix}\dot{h}_x\\\dot{h}_y\\\dot{h}_z\end{bmatrix} + \begin{bmatrix}0 & -r & q\\r & 0 & -p\\-q & p & 0\end{bmatrix}\cdot\begin{bmatrix}h_x\\h_y\\h_z\end{bmatrix}\right) = \begin{bmatrix}M_x\\M_y\\M_z\end{bmatrix} \tag{3-9}$$

式中,u,v,w 为速度矢量 $\boldsymbol{V}$ 在体轴系各轴上的投影;p,q,r 为体轴系相对地轴系旋转角速度矢量 $\boldsymbol{\omega}$ 在体轴系各轴的投影;F_x,F_y,F_z 为作用在飞机上的合外力在体轴系各轴上的投影;h_x,h_y,h_z 为动量矩矢量 $\boldsymbol{h}$ 在体轴系各轴上的投影;M_x,M_y,M_z 为作用在飞机上的合外力矩在体轴系各轴上的投影。

此外,有

$$\left.\begin{aligned}h_x &= I_x p - I_{xy}q - I_{xz}r\\h_y &= I_y q - I_{xy}p - I_{yz}r\\h_z &= I_z r - I_{xz}p - I_{yz}q\end{aligned}\right\} \tag{3-10}$$

式中,I_x,I_y,I_z 为飞机相对 Ox_b 轴、Oy_b 轴、Oz_b 轴的转动惯量;I_{xy},I_{yz},I_{xz} 为飞机相对 Ox_b 轴与 Oy_b 轴,Oy_b 轴与 Oz_b 轴,Ox_b 轴与 Oz_b 轴的惯性积。

式(3-8)和式(3-9)构成描述飞机作为刚体随质心平动与绕质心转动的六自由度动力学方程。方程左边为惯性项,右边为外力项。通常,该方程组是以时间 t 为自变量的非线性耦合微分方程组。

2. 刚性飞行器运动学方程

上面建立的飞机动力学方程组，主要研究了合外力和合外力矩对飞机运动的作用。为了求解飞机刚体动力学方程组，还需利用地轴系中飞机的质心位置与其运动速度的关系、飞机运动方位角与其角速度之间的关系，建立飞机质心平移运动的运动学方程以及飞机的三个姿态角的运动方程。

$$\begin{bmatrix} \dot{x}_g \\ \dot{y}_g \\ \dot{z}_g \end{bmatrix} = (\boldsymbol{R}_g^b)^T \begin{bmatrix} u \\ v \\ w \end{bmatrix} \tag{3-11}$$

$$\begin{bmatrix} \dot{\varphi} \\ \dot{\theta} \\ \dot{\psi} \end{bmatrix} = \begin{bmatrix} 1 & \sin\varphi\tan\theta & \cos\varphi\tan\theta \\ 0 & \cos\varphi & -\sin\varphi \\ 0 & \sin\varphi/\cos\theta & \cos\varphi/\cos\theta \end{bmatrix} \begin{bmatrix} p \\ q \\ r \end{bmatrix} \tag{3-12}$$

前面介绍了航空飞行器的通用运动方程，但是针对复合翼无人机的独特构型，其特殊之处是如何体现在运动方程里的，以及该如何创建复合翼无人机的飞行动力学方程，下面将对这些问题进行说明。

复合翼无人机作为航空飞行器，无论以哪种飞行方式进行飞行都具有六自由度运动特性，都遵循式(3-8)、式(3-9)所示的经典的六自由度运动方程，所不同的是不同飞行模式下复合翼无人机所受到的气动力和力矩的来源不同。也就是式(3-8)、式(3-9)右边的外力项的求解不同。下面将着重对式(3-8)、式(3-9)右边的外力项 F_x，F_y，F_z 和 M_x，M_y，M_z 的求解进行介绍。

复合翼无人机所受的力 F_x，F_y，F_z 和力矩 M_x，M_y，A 的主要来源为前拉螺旋桨、垂直方向上的旋翼、机翼、平尾、垂尾、机身和重力等。可以将这些力分为两类：气动力和重力。由于 M_x，M_y，A 是基于体轴系定义的，体轴系原点在重心，所以重力对其没有贡献，则 F_x，F_y，F_z 和 M_x，M_y，A 可表示为

$$\begin{bmatrix} F_x \\ F_y \\ F_z \end{bmatrix} = \begin{bmatrix} F_x \\ F_y \\ F_z \end{bmatrix}_{aero} + \begin{bmatrix} F_x \\ F_y \\ F_z \end{bmatrix}_g \tag{3-13}$$

$$\begin{bmatrix} M_x \\ M_y \\ M_z \end{bmatrix} = \begin{bmatrix} M_x \\ M_y \\ M_z \end{bmatrix}_{aero} \tag{3-14}$$

下标分别为气动力(aero)和重力(g)。

由于建模时假设重力加速度不随高度变化，所以重力 G 直接选取当地高度下的测量值，但需要将重力从地轴系转换到体轴系，则重力在体轴系上的表达式可写为

$$\begin{bmatrix} F_x \\ F_y \\ F_z \end{bmatrix}_g = \boldsymbol{R}_g^b \begin{bmatrix} 0 \\ 0 \\ G \end{bmatrix} \tag{3-15}$$

下述将对式(3-13)、式(3-14)中的气动力 $\begin{bmatrix} F_x \\ F_y \\ F_z \end{bmatrix}_{aero}$ 和气动力矩 $\begin{bmatrix} M_x \\ M_y \\ M_z \end{bmatrix}_{aero}$ 的求解进行

介绍。

由于复合翼无人机在各飞行模式下的飞行方式不同,为了研究各飞行模式下的特性,可以分别对各飞行模式进行气动力和力矩的求解。

(1)旋翼模式气动力和力矩求解。复合翼无人机的旋翼模式通常只需执行垂直起降,此时,飞机的翼面几乎不产生气动力,故可以将该模式下的复合翼无人机简化为四旋翼飞行器,建模时只需参照四旋翼的气动力和气动力矩的求解方法即可。有关四旋翼的建模相关文献里已介绍较多,此处不再赘述。

(2)固定翼模式气动力和力矩求解。固定翼模式飞行时产生气动力的部件主要有前拉螺旋桨(或尾推螺旋桨)、机翼、平尾和垂尾。求解气动力和力矩时,对于小型无人机,通常可以采用 datacom 估算、经典的升力线理论等方法。要想获得精度更高的模型,可以采用 CFD 计算或者风洞试验等方法,不过 CFD 计算对专业知识要求较高,风洞试验成本昂贵。

(3)过渡模式气动力和力矩求解。复合翼无人机过渡过程中产生气动力和力矩的部件有前拉螺旋桨(或尾推螺旋桨)、垂直方向的螺旋桨、机翼、平尾、垂尾以及操纵舵面等,其全机气动力和力矩的求解表达式为

$$
\begin{bmatrix} F_x \\ F_y \\ F_z \end{bmatrix}_{aero} = \begin{bmatrix} F_x \\ F_y \\ F_z \end{bmatrix}_{hp} + \begin{bmatrix} F_x \\ F_y \\ F_z \end{bmatrix}_{vp} + \begin{bmatrix} F_x \\ F_y \\ F_z \end{bmatrix}_{w} + \begin{bmatrix} F_x \\ F_y \\ F_z \end{bmatrix}_{ht} + \begin{bmatrix} F_x \\ F_y \\ F_z \end{bmatrix}_{vt} +
$$
$$
\begin{bmatrix} F_x \\ F_y \\ F_z \end{bmatrix}_{ail} + \begin{bmatrix} F_x \\ F_y \\ F_z \end{bmatrix}_{ele} + \begin{bmatrix} F_x \\ F_y \\ F_z \end{bmatrix}_{rud} + \begin{bmatrix} F_x \\ F_y \\ F_z \end{bmatrix}_{inter}
$$

$$(3-16)$$

$$
\begin{bmatrix} M_x \\ M_y \\ M_z \end{bmatrix}_{aero} = \begin{bmatrix} M_x \\ M_y \\ M_z \end{bmatrix}_{hp} + \begin{bmatrix} M_x \\ M_y \\ M_z \end{bmatrix}_{vp} + \begin{bmatrix} M_x \\ M_y \\ M_z \end{bmatrix}_{w} + \begin{bmatrix} M_x \\ M_y \\ M_z \end{bmatrix}_{ht} + \begin{bmatrix} M_x \\ M_y \\ M_z \end{bmatrix}_{vt} +
$$
$$
\begin{bmatrix} M_x \\ M_y \\ M_z \end{bmatrix}_{ail} + \begin{bmatrix} M_x \\ M_y \\ M_z \end{bmatrix}_{ele} + \begin{bmatrix} M_x \\ M_y \\ M_z \end{bmatrix}_{rud} + \begin{bmatrix} M_x \\ M_y \\ M_z \end{bmatrix}_{inter}
$$

$$(3-17)$$

下标分别为:前拉螺旋桨(hp)、垂直螺旋桨(vp)、机翼(w)、平尾(ht)、垂尾(vt)、副翼(ail)、升降舵(Ele)、方向舵(rud)、部件之间的气动干扰(inter)。

由于气动力与飞机飞行状态相关,不同的过渡过程飞机的飞行状态不同,对应的气动力的求解方法也不同,所以对过渡过程建模时首先需要明确所采取的过渡方案,然后具体分析过渡过程中飞机的姿态及可能的各部件之间的干扰情况,采取对应的方法进行求解。

建模的难点是式(3-16)、式(3-17)中干扰项的求解。对于气动干扰,通常的处理方法有经验公式、CFD 计算和风洞试验等。

3.3.3 配平

飞机平衡点的获取即配平,配平是根据平衡条件对运动方程进行求解,获得飞机平衡状态下的操纵输入量和状态量。飞机常见的稳定飞行状态有定直平飞,偏航角速度恒定的转弯飞行,俯仰角速度恒定的稳态拉起和滚转角速度恒定的稳态滚转等。

常见的配平方法有:根据平衡条件首先对飞机运动方程进行简化,然后求解简化后的方程组获得配平结果;或针对已建好的 MATLAB/Simulink 模型,采用 MATLAB 里的函数 trim 来配平。这些方法对于模型较为简单的飞机还能应付,对于复杂的飞机,尤其是复合翼无人机过渡飞行时气动力来源复杂的情况,处理起来较麻烦。为此,本节介绍一种基于优化函数的配平方法,对复杂模型也可以快速配平。

配平的目的是找出合适的操纵量和状态量,使飞机所受的合力和合力矩为零,即式(3-8)和式(3-9)中的 F_x,F_y,F_z,M_x,M_y,M_z 均为零。

由于 F_x,F_y,F_z,M_x,M_y,M_z 的求解与飞机的操纵量和状态量有关,据此可以设计一个包含 F_x,F_y,F_z,M_x,M_y,M_z 的准则函数,通过最小化该准则函数,获得平衡状态下的操纵输入和状态量。

定义 $\boldsymbol{J} = \begin{bmatrix} F_x & F_y & F_z & M_x & M_y & M_z \end{bmatrix}^{\mathrm{T}}$,设计如下的配平损失函数:

$$\mathrm{cost} = \boldsymbol{J}^{\mathrm{T}} \cdot \boldsymbol{J} \tag{3-18}$$

显然,飞机处于平衡状态时 F_x,F_y,F_z,M_x,M_y,M_z 均为零,对应的损失函数 cost 也为零。则配平过程就变为:寻找合适的状态量和操纵量,使损失函数 cost 的值趋于零。具体求解时可调用 MATLAB 里求取函数最小值的优化函数 fminsearch 等库函数来求解。

3.3.4　模型线性化

式(3-8)、式(3-9)、式(3-11)、式(3-12)组成的运动方程组是变系数、非线性的方程,一般情况下得不到解析解,只能用数值法求解。这样就不容易找出带有普遍意义的一般规律。为了便于研究飞机的操纵性和稳定性,最常用的方法是利用"小扰动"假设,将飞机的运动方程线性化,这样就可以用解析的方法进行研究,并对飞机的飞行品质进行评价,作为飞行控制系统设计的指南。

复合翼无人机过渡模式虽然较复杂,但假定其整个过渡过程中的加速度较小,过渡较平滑,则可近似认为过渡过程中的每个状态都处于稳态。因此也可以采用小扰动线性化的方法对其进行研究。当然,对于过渡过程中速度或姿态变化较剧烈的过渡方案,不能采用该方法进行研究。

飞机的运动可以分为基准运动和扰动运动。基准运动是指在理想条件下,飞机不受任何外界干扰,按预定规律进行的运动,如定直平飞。与基准运动差别甚小的运动称为小扰动运动。小扰动假定简化大多情况都能给出足够满意的结果,主要是因为在大多数飞行情况下,各主要气动参数的变化与扰动量成线性关系;飞行中即使遇到强烈的扰动,在有限时间内飞机的线速度和角速度也往往只有很小的变化量。所以小扰动法是与客观实际吻合的。

常用的线性化方法是首先对非线性飞行动力学模型进行配平,然后在配平点处将运动方程展开为泰勒级数,并根据小扰动假设,略去二阶及以上各阶小量,即可获得由基准运动状态确定的导数。线性化后的模型为

$$\left. \begin{array}{l} \dot{\boldsymbol{X}} = \boldsymbol{A}\boldsymbol{X} + \boldsymbol{B}\boldsymbol{U} \\ \boldsymbol{Y} = \boldsymbol{C}\boldsymbol{X} \end{array} \right\} \tag{3-19}$$

式中,$\boldsymbol{X}$ 为飞机的状态变量,通常取 $\boldsymbol{X} = \begin{bmatrix} u & v & w & \vartheta & \varphi & \psi & q & p & r \end{bmatrix}^{\mathrm{T}}$;$\boldsymbol{U}$ 为飞机的操纵输入,复合翼无人机不同飞行模式下的操纵输入不同,根据具体情况选取;$\boldsymbol{Y}$ 为模型输出,通常选取传感器可以直接测量的变量;$\boldsymbol{A}$ 为气动导数矩阵;$\boldsymbol{B}$ 为操纵导数矩阵;$\boldsymbol{C}$ 为输出矩阵。

式(3-19)中的 $\boldsymbol{A},\boldsymbol{B}$ 矩阵中的导数众多,采用传统的小扰动线性化方法工作量大且容易出错。通常飞行动力学模型都是基于 MATLAB/Simulink 进行建模,所以,本节介绍一种根据 Simulink 模型的响应进行线性化的方法。当然该方法对其他语言编写的模型也适用。

对已经建立好的飞行动力学 Simulink 模型利用前面提出的配平方法进行配平,在配平点处的小扰动线性化原理如图 3-17 所示。

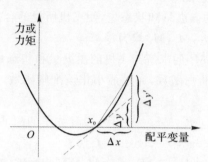

图 3-17　小扰动线性化原理

假设 x_0 为某配平点下的状态变量或者操纵输入,在 x_0 的基础上叠加一个小扰动量 Δx,然后运行 Simulink 程序,求出由此小扰动产生的力和力矩 $\Delta y'$,然后用 $\Delta y'/\Delta x$ 近似表示在 x_0 处的导数。可以看出,选取的扰动量 Δx 越小,$\Delta y'/\Delta x$ 就越接近 $\Delta y/\Delta x$,所以小扰动线性化时应该选取极小的扰动量 Δx。

小扰动线性化时首先需要对 Simulink 模型做图 3-18 的处理。

如图 3-18 所示,首先断开非线性模型中力和力矩的传递,否则给 x_0 施加小扰动时模型会自动调整到一个新的状态而不再是之前的配平状态。然后将配平值赋给模型里的对应变量并逐一单独施加小扰动,运行模型求出由该小扰动产生的力和力矩增量,最后用力和力矩增量除以该扰动量,即可获得在该配平状态点下力和力矩对该变量 x_0 的导数,获得线性化模型。

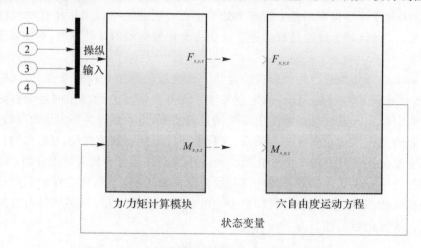

图 3-18　小扰动线性化时 Simulink 模型的处理

3.3.5　飞行动力学模型综合

复合翼无人机各飞行模式特性相差较大,通常对其各飞行模式分别建立飞行动力学模型。

为了便于控制系统设计与仿真,需要将其各飞行模式的模型综合起来,建立一个统一的全过程飞行动力学模型。本节介绍一种基于模糊数学的理论和方法对各飞行模式下的飞行动力学模型进行综合的方法。

首先对各飞行模式下的非线性飞行动力学模型进行线性化,获得旋翼模式、固定翼模式以及过渡模式中多个配平点处的小扰动线性化模型,然后利用模糊数学的理论和方法对各配平点处的小扰动线性化模型进行了综合,获得模型参数随着前飞速度变化的综合模型。具体为将综合论域、综合规则用模糊语言表示,并将这些模糊语言和多个配平点处线化模型的参数作为知识存储在模型库中,运行综合模型时计算机根据复合翼无人机当前的飞行状态,运用模糊推理调用模型库里对应的模型参数拟合出当前飞行状态下的模型参数,实现了利用模糊理论的方法对有限状态点的线化模型进行综合。

模型综合的主要内容包括模型论域的选取、隶属度函数的选取和求解综合模型。

(1)模型论域的选取。模型论域用于确定输入变量的范围,根据前飞速度的不同,可以将复合翼无人机分为垂直起降模式、过渡模式和固定翼模式三部分,各部分的划分情况及对应的模型见表 3-1。所以选取前飞速度作为模型论域。表 3-1 中 V_c 为复合翼无人机过渡模式结束时的速度。

表 3-1　复合翼无人机飞行过程的划分情况

序号	飞行速度	飞行状态	适用的模型
1	$V=0$	垂直起降及悬停	旋翼模式模型
2	$0 < V < V_c$	过渡飞行	过渡模式模型
3	$V > V_c$	固定翼模式飞行	固定翼模式模型

(2)隶属度函数的选取。隶属度函数在论域上的分布应该合理,且间隔的两个线化模型的隶属度函数应不相交,也就是论域中某个速度点下的线性模型只与相邻两个配平点处的小扰动线性化模型有关,而与间隔的线化模型没有关联,这在飞行动力学分析中也是合理的。

为了保证隶属度函数具有较好的灵敏度,选择如下的三角形隶属度函数:

模型子集 1 的隶属度函数表示为

$$F_1(V) = \begin{cases} 1 - V/5 & ,0 \leqslant V < 5 \\ 0 & ,\text{其他} \end{cases} \tag{3-20}$$

模型子集 2 的隶属度函数表示为

$$F_2(V) = \begin{cases} V/5 & ,0 \leqslant V < 5 \\ 1 - (V-5)/5 & ,5 \leqslant V < 10 \\ 0 & ,\text{其他} \end{cases} \tag{3-21}$$

其他模型子集的隶属度函数与 $F_2(V)$ 一样,从而可以得到如图 3-19 所示的论域内的隶属度函数曲线分布图。

(3)求解综合模型。经过上述隶属度函数的综合后,系统模型可以表达为

$$\left.\begin{array}{l} \dot{x} = \dfrac{\sum\limits_{l=1}^{n} F_l(V)\left[A_l x + B_l U\right]}{\sum\limits_{l=1}^{n} F_l(V)} \\[2em] y = \dfrac{\sum\limits_{l=1}^{n} F_l(V) C_l}{\sum\limits_{l=1}^{n} F_l(V)} x \end{array}\right\} \qquad (3-22)$$

式中，n 为模型子集的个数。

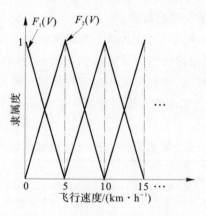

图 3-19　隶属度函数分布情况

3.3.6　飞行器稳定性和操纵性

1. 稳定性

飞机的运动稳定性是指飞机抵抗干扰，保持某个平衡状态或准平衡状态的能力及其运动过程。为了便于分析，通常根据飞机受到扰动后的初始反应趋势、扰动运动的过程、最终是否恢复到原始状态，可以将稳定性分为静稳定性和动稳定性进行分析。

静稳定性侧重于飞机受到扰动后的初始反应趋势，即是否有恢复到原平衡状态的趋势。比如，纵向静稳定性一般定义为迎角扰动后所产生的俯仰力矩增量是否有使飞机朝着减小扰动的方向运动的趋势。如果所产生的力矩增量使飞机朝着消除扰动的方向运动，则为静稳定；反之，则为静不稳定。

除了静稳定和静不稳定之外，还有中立稳定的情况，也称为随遇平衡。即受扰后既不恢复到初始平衡状态，也不会继续远离平衡状态，而是停留在扰动后的位置，比如偏航运动。

动稳定性则主要研究飞机受扰后恢复或偏离平衡状态的动态过程，单调变化还是振荡变化，收敛/发散的速度等都是动稳定性问题。

（1）运动模态。动稳定性的研究，通常是通过对线性模型求解特征根，分析其各个运动模态的特性进行的。了解飞机运动模态是认识飞机动态特性的基础，也是飞控的控制律设计中确定动态特性指标的基础。

特征根可以较直观地描述飞机的运动特性，一般具有如下形式：

$$\lambda = \sigma \pm \mathrm{j}\omega$$

该特征根对应的飞机时域单位脉冲响应为

$$y_0(t) = \mathrm{e}^{(\sigma \pm \mathrm{j}\omega)t}$$

可见，当特征根虚部 $\omega = 0$ 时，飞机扰动运动为非周期运动；当特征根虚部 $\omega \neq 0$ 时，特征根为一对共轭复根，飞机的扰动运动为周期运动。当特征根实部 $\sigma > 0$ 时，飞机扰动响应随时间增大，飞机运动发散，是不稳定的；当 $\sigma < 0$ 时，飞机的扰动响应随时间较小，在扰动消除后，飞机运动可以恢复到初始平衡状态，是稳定的；当 $\sigma = 0$ 且 $\omega \neq 0$ 时，飞机扰动响应会保持幅值持续振荡，飞机运动既不发散也不恢复平衡状态，是中立稳定的。

下面对常规飞机的典型运动模态进行介绍，可以为复合翼无人机的模态分析提供参考。

（2）纵向典型运动模态。常规飞机纵向的典型特征根是两对共轭复根，一对根的实部和虚部的绝对值都较大且实部小于零，对应的是快速衰减的短周期振荡运动。另一对根的实部和虚部绝对值都较小，实部小于零或者大于零，对应缓慢衰减或者缓慢发散的长周期振荡运动。根据模态响应的快慢，这两种典型的运动模态被称为纵向短周期模态和长周期模态。

纵向短周期模态运动中，主要是迎角、俯仰角速度、俯仰角在快速变化，速度和高度变化较小，振荡的周期和半衰期在数秒的量级，一般在 10s 内就基本恢复到平衡状态，飞行轨迹基本不变。短周期运动主要是飞机绕质心的转动运动。

长周期运动中迎角几乎没有变化，而高度 h、速度 V 和俯仰角 θ 在缓慢振荡变化，其周期和半衰期在数十秒甚至上百秒的量级，振荡中速度 V 和高度 h 交替变化，动能和势能相互转化，质心轨迹呈缓慢的波浪形，所以有时也称"沉浮"模态。长周期运动主要是飞机质心的线运动。

（3）横航向典型运动模态。常规飞机横航向运动的典型特征根是一对共轭复根和两个实根。其中一个实根是绝对值较大的负数，对应快速的单调衰减运动，一般称为滚转收敛模态；另一个实根是绝对值较小的负数或正数，对应缓慢的单调衰减或发散运动，一般称为螺旋模态；还有一对共轭复根，对应周期振荡运动，一般称为荷兰滚模态。

滚转收敛模态中，主要是滚转角速度在快速衰减，偏航角速度幅值远小于滚转角速度，侧滑角的变化速度更小，滚转角速度在数秒内收敛，此时侧滑角和滚转角、偏航角的变化很小。

荷兰滚模态中，侧滑角、滚转角、滚转角速度和偏航角速度的变化接近于同一量级，飞机表现为左右偏航、来回滚转，同时又有左右侧滑的往复振荡。荷兰滚运动的频率较大，中等阻尼，其周期和半衰期一般在数秒量级。

螺旋模态中，主要是滚转角 φ、偏航角 ψ 缓慢地单调衰减或发散，侧滑角 β 很小，滚转角速度 p 更小，表现为带滚转，几乎无侧滑的缓慢偏航运动，其半衰期或倍幅时间一般在数十秒甚至上百秒。如果螺旋模态发散，则其滚转角会逐渐增大，偏航也会逐渐加快，旋转半径逐渐减小，飞行轨迹近似于缓慢下降的螺旋线，这也是螺旋模态名称的由来。

2.操纵性

飞机的操纵性一般是指改变或控制飞机姿态、速度矢量和位置的能力，也包含操纵的条件、飞行员操纵感觉、飞机操纵响应过程。操纵性也分为静操纵性和动操纵性。

静操纵性侧重于飞机操纵部件对其运动状态的稳态影响,也就是,为实现某一飞行动作应该怎样操纵飞机,同样也包含操纵输入量,如杆力、杆位移等。通常是给飞机一定的操纵量,然后考察飞机状态改变的稳态值,该值越大,则改变飞机运动状态的能力越强。

动操纵性描述了飞机操纵部件改变飞机运动状态的动态过程,比如,俯仰操纵部件动作后,俯仰运动状态变化过程中的最大超调量、振荡的频率和阻尼、操纵响应的快慢、达到稳态响应的时间等都是动操纵性的问题,同时也包含飞行员的操纵感觉。

3.4 复合翼无人机飞行控制

3.4.1 复合翼无人机的操纵模型

复合翼无人机具有多种飞行模式和两套操纵系统,为了便于控制系统的设计,首先需要设计一个操纵模型,对两套操纵系统的操纵权限根据当前的飞行状态进行分配,使两套操纵系统总的操纵效率维持在合理的水平,同时也消除了操纵系统的冗余,如图3-20所示。可以将飞机本体连带操纵模型一起看作广义被控对象,这样就与常规飞机的输入输出变量类似,设计复合翼无人机的控制系统时采用常规飞机的控制系统设计方法即可。

图3-20中的操纵模型与飞机当前的飞行状态有关,尤其是前飞速度。操纵模型的功能是:在垂直起降时操纵模型对固定翼操纵系统的输出为零,此时只有旋翼操纵系统在工作;在固定翼模式飞行时旋翼操纵系统的输出为零,此时只有固定翼的操纵系统在工作;在过渡时确保两套操纵系统能协调的工作,并实现两套操纵系统的渐入、渐出,达到操纵权限的平滑交接。

后续控制系统设计都是针对图3-20中的广义被控对象进行的。

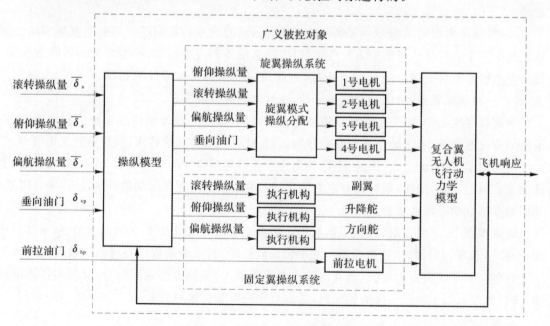

图3-20 复合翼无人机的操纵模型

3.4.2　典型飞行控制系统

设计复合翼无人机控制系统时,首先对图 3 - 20 的广义被控对象模型进行小扰动线性化,线性化后的模型与常规飞机的模型结构类似,则可以按照常规飞机的控制系统设计方法进行设计。

自动驾驶仪是利用一套自动装置代替驾驶员来操纵飞机角运动、重心运动,以保持飞机按预定的姿态或轨迹飞行的自动控制系统,是自动飞行控制系统的核心基础,故本节只对自动驾驶仪进行介绍。自动驾驶仪系统的结构图如图 3 - 21 所示。

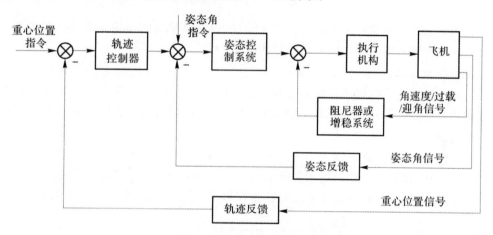

图 3 - 21　自动驾驶仪系统的结构图

现在针对图 3 - 21 中的阻尼器、姿态控制系统和轨迹控制系统等典型控制系统进行介绍。

1. 阻尼器

为了改善飞机角运动的阻尼特性,通常引入姿态角的变化率回路,调节飞机角运动的阻尼比,从而改善飞机的运动品质。由于飞机的姿态运动可以分解为绕三个机体轴的角运动,所以阻尼器也相应地有俯仰阻尼器、滚转阻尼器和偏航阻尼器。典型的飞机俯仰阻尼器的方框图如图 3 - 22 所示。

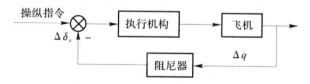

图 3 - 22　飞机俯仰阻尼器的方框图

俯仰阻尼器的控制律通常写成

$$\Delta \delta_e = K_q \Delta q \tag{3 - 23}$$

俯仰阻尼器用来改善飞机的纵向短周期运动的阻尼特性,但是增加阻尼器后,系统的静操纵性减小了,即牺牲了静操纵性而换来阻尼比的改善。

采用式(3 - 23)中的阻尼器会在飞机进行水平转弯飞行时带来一些问题。当飞控作稳定的水平盘旋时,由于存在俯仰角速度增量 Δq,其近似关系式为

$$\Delta q \approx \Delta \dot{\psi} \sin \Delta \varphi \tag{3 - 24}$$

速率陀螺感受到这个俯仰角速度增量 Δq，并按照式(3-23)使阻尼器产生恒定的附加舵偏角 $\Delta\delta_e = K_q\Delta\dot{\psi}\sin\Delta\varphi$，那么驾驶员就必须通过适当地操纵升降舵，来对这个附加的舵偏角 $\Delta\delta_e$ 加以补偿。

解决附加舵偏角问题的方法，可以从俯仰角速度 Δq 的信号特性出发。因为水平转弯飞行时产生的俯仰角速度增量 Δq 是一种低频信号，所以可以采用洗出网络(高通滤波器)滤掉速度陀螺输出信号的稳态分量，就可以使稳定水平盘旋或转弯飞行时所产生的 Δq 值不会影响俯仰阻尼器的工作。引入洗出网络的俯仰阻尼器控制律为

$$\Delta\delta_e = K_q\frac{\tau s}{\tau s + 1}\Delta q \tag{3-25}$$

滚转阻尼器的作用是改善飞机滚转阻尼特性，偏航阻尼器的作用是改善飞机的荷兰滚阻尼特性。这两个阻尼器与俯仰阻尼器的结构类似，不再赘述。

2.姿态控制系统

姿态控制系统用于控制飞机的姿态角，通常只在飞机水平飞行状态和短时间下滑、爬升状态下才单独使用姿态保持控制系统。更多的时候姿态控制系统是作为其他控制系统的内回路，比如高度控制系统、自动着陆等。

(1)俯仰姿态控制系统。图3-23为俯仰姿态保持的简单原理框图。图中俯仰速率的限幅实际上限制了过载；通常还应加入升降舵指令限幅；如文中对阻尼器的介绍，对俯仰速率反馈通常需要加入洗出网络(高通滤波器)；在俯仰角指令的入口处，要加俯仰角限幅。

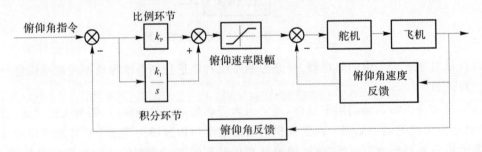

图 3-23　俯仰姿态保持简单原理框图

对于图3-23所示的原理框图，如果假设舵机为惯性环节 $10/(s+10)$，俯仰速率限幅为无穷大，则可以得到一个简单的俯仰姿态保持的控制律框图，如图3-24所示。

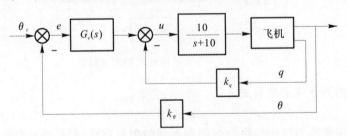

图 3-24　俯仰姿态保持控制律方框图

图3-24中，动态补偿器 $G_c(s)$ 可以使系统稳态误差较小且动态响应较好；内回路速率反馈可以提高设计自由度及改善短周期阻尼。设计时，可以用飞机的短周期模态近似代替飞机

的动态环节,通过对俯仰速率的积分得到俯仰角信号。因为俯仰姿态是飞机长周期模态中的变量,俯仰姿态到舵面的反馈会同时改变长周期和短周期模态。

(2)滚转姿态控制系统。滚转姿态保持/控制实际上是对滚转角进行稳定和控制。当要求飞机作直线飞行时,要对滚转角 φ 进行稳定,在外力干扰力矩的作用下,力图保持滚转角 φ 为零。当需要改变飞机航向或进行盘旋时,需要借助于滚转角控制系统,输入给定的控制信号 φ_c,使飞机倾斜,由飞机倾斜后产生的侧力来改变航迹偏转角 ψ,以达到改变飞机航向的目的。

图 3-25 为典型的飞机横侧向自动驾驶仪滚转姿态保持/控制系统的控制律结构图。其外回路是滚转角反馈回路,内回路是滚转角速度反馈回路,$G(s)$ 为带增稳的飞机模型。在滚转姿态保持/控制回路中包含了比例和积分环节 $(s+k_0)/s$,使得该控制系统成为对常值干扰无静差的均衡式自动驾驶仪。

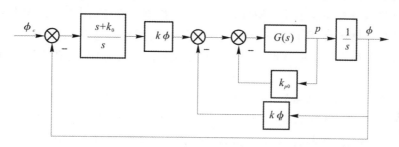

图 3-25　滚转姿态保持/控制系统的控制律结构图

3. 协调转弯

协调转弯是指飞机在水平面内连续改变飞行方向且保证侧滑角为零,即滚转与偏航运动之间的耦合最小,并能保证不掉高度的一种转弯。在实际飞行中,滚转运动与偏航运动并不独立,而是紧密联系、相互耦合的,因此在转弯时会产生比较大的侧滑角 β,要消除转弯过程中的 β,需要实现协调转弯。

实现协调转弯通常采用的方法有一是利用侧滑角 β 反馈实现协调转弯;二是利用侧向加速度反馈实现协调转弯。协调转弯的控制律结构如图 3-26 所示。

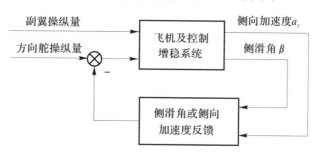

图 3-26　协调转弯的控制结构

在实现协调转弯时,除了横侧向需要控制以外,还需要纵向控制的配合。主要有下述原因。

(1)为使飞机在转弯时不掉高度,要求升力的垂直分量与重力平衡。假设在转弯前重力是平衡的,那么在飞机滚转后,升力方向也随滚转而变化,它在垂直方向上的分量就与重力不平衡,此时需要增大升力才能继续保持平衡。因此,为了使飞机不掉高度,必须产生一个迎角增量。而迎角增量会引起一个纵向的力矩,它需要升降舵偏角产生的力矩来配平。

(2)根据飞机协调转弯的要求,要保持飞机绕铅垂轴盘旋,除了应控制偏航角速度 r 外,还需要使飞机有一个俯仰角速度 q,而这个角速度引起的俯仰阻尼力矩同样要靠升降舵上偏来平衡。

因此,在协调转弯时,必须在纵向控制通道加一个控制信号,产生一个上偏的升降舵偏角,从而增大飞机升力以保持飞机不掉高度。

4.轨迹控制系统

轨迹控制系统是在姿态控制系统的基础上构成的。

(1)飞行高度的保持/控制。高度控制属于飞机的重心控制,飞行高度的保持/控制在飞机编队、巡航、进场着陆和地形跟随等飞行中具有十分重要的作用。

飞机的高度保持与控制不能由俯仰角的稳定与控制来完成,因为姿态控制系统在垂直风的干扰下会产生高度漂移,所以高度保持系统需要有高度差传感器,如气压高度计、无线电高度表和大气数据传感器等。由高度偏差信号控制飞机的姿态,改变飞机的航迹倾角,使飞机回到设定高度。

简单的高度保持/控制回路的结构如图 3-27 所示。其内回路为俯仰姿态角控制系统,高度保持/控制系统在此基础上进行设计,并且通常不改变已经设计好的姿态角控制系统。在单独对飞机的姿态角进行保持/控制时,只需要将高度差测量装置断开,使飞行状态的转换非常方便。

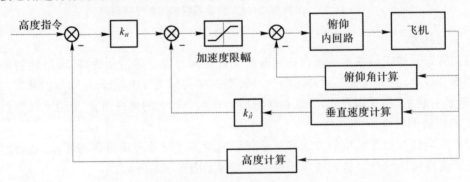

图 3-27 简单的高度控制回路

(2)飞机侧向偏离的控制。飞机侧向偏离的控制是通过副翼和方向舵两个通道控制飞机在水平面的航迹运动,它以偏航角控制系统和滚转角控制系统为内回路,接收来自导航系统的指令信号。最为典型的方案是副翼通道为主通道,方向通道为辅助通道,后者只起阻尼和协调转弯的作用,通过副翼控制飞机转弯以便修正飞机的航迹。图 3-28 为侧向导航控制的典型方框图。

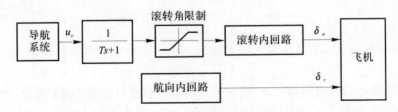

图 3-28 侧向导航控制的典型方框图

导航系统输出的侧向偏离的信号 u_c，通过惯性滤波器和滚转角限制器后进入滚转内回路，控制副翼偏转。惯性滤波器 $\dfrac{1}{Ts+1}$ 滤除侧向偏离信号 u_c 的快变信号，使飞机的转变过程平滑柔和。滚转角限制器依据飞机的最大转弯角限制设计。

此外，飞机的航迹控制还包括自动地形跟随系统、自动着陆系统等，在此不一一介绍。

3.4.3　飞行控制系统设计方法

在飞行控制系统的设计中，经典的设计技术占有十分重要的位置。例如，根轨迹、极点配置和伯德分析等方法很适合单输入/单输出系统的设计。应用这种经典的设计技术，可以通过配置闭环极点，来找到一个合适的单反馈增益，从而得到所期望的系统时域响应和鲁棒品质。有关经典设计方法的具体设计过程，相关参考文献有介绍，此处不作详述。

通常对控制系统由内环到外环逐层进行设计。在设计了内环以后，带有增稳系统的飞机就变成了自动驾驶仪的控制对象，但是这种被控对象是复杂的高阶系统，直接使用它们会使自动驾驶仪的设计比较烦琐，而利用等效系统方法得到的低阶等效模型在一定频率范围内能够完全逼近原高阶系统。因此，可以使用简单的低阶等效模型作为自动驾驶仪的控制对象，进行自动驾驶仪的初步设计；然后再以实际控制系统作为自动驾驶仪的内回路进行仿真、计算和参数调试工作。

在自动驾驶仪控制律初步设计阶段，可以暂不考虑伺服回路、传感器和等效时延等非线性因素对闭环系统的影响，采用相关设计方法确定控制系统的结构和参数，得到理想的、满足要求的动态响应特性和频率响应特性；然后考虑系统的非线性因素，对参数进行调整，使得系统的时域响应和频域响应达到技术指标要求。这种设计方法简单易行，是工程实际中常用的设计方法。

3.4.4　显模型跟踪控制

模型跟踪方法分为显模型跟踪和隐模型跟踪。隐模型跟踪是将目标模型隐式地包含在控制系统中，通过特征结构配置后即能获得满足隐模型要求的控制系统。显模型跟踪是将对飞行器的操纵动力学特性的要求显式地设计在显模型里，采用反馈控制使飞行器状态跟随显模型的输出状态。

1. 显模型跟踪控制理论

(1) 显模型跟踪基本工作原理。典型的显模型跟踪控制系统的结构如图 3 - 29 所示。飞行器的控制指标通过显模型来体现，显模型的输入 ΔW 为驾驶杆操纵指令，输出 Δx_m 为操纵驾驶杆所期望的响应。显模型的响应 Δx_m 与飞行器实际响应 Δx_1 作差，获得误差信号 e_1。该误差信号通过控制矩阵 G_1 后，又通过比例积分模块形成执行机构的输入信号 Δu，其中引入积分模块的目的是为了抑制稳态误差，使飞行器保持自动配平。基于数字控制一拍采样周期内实现信号 Δx_1 跟踪指令 Δx_m，设计了控制矩阵 G_1，所以飞行器的状态量 Δx_1 能一拍跟踪显模型的输出量 Δx_m。

为了获得良好的跟踪性能，还需要对增益对角阵 R 和积分系数阵 G_2 进行设计，R 和 G_2 对控制系统的作用与经典 PI 控制系统里比例系数和积分系数的作用类似，不过图 3 - 29 中调节 R 同时改变了系统跟踪的动态特性和稳态误差，G_2 可以改变系统跟踪的稳态误差。由于显模型跟踪系统具有较强的跟踪指令的能力,未进行操纵的通道其显模型的输出量为 0,对应的该通道处于镇定状态,所以显模型跟踪系统具有良好的解耦性能。

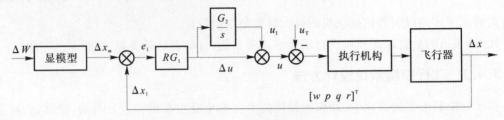

图 3-29　显模型控制的结构

（2）显模型的设计。显模型是控制系统的指令模型,是被跟踪的模型,也是控制系统要实现的设计目标。显模型是根据控制对象的特性与所要实现的性能指标要求而设计的,通常设计为一阶或二阶系统。一般根据现有同类型、同级别的飞行器能达到满意性能作为控制指标来设计显模型。一阶、二阶显模型的型式分别为

$$\frac{\Delta x_{m1}(s)}{\Delta W_1(s)} = \frac{C_{11}\omega_{n1}^2}{s^2 + 2\zeta\omega_{n1}s + \omega_{n1}^2} \tag{3-26}$$

$$\frac{\Delta x_{m2}(s)}{\Delta W_2(s)} = \frac{C_{22}}{T_{m2}s + 1} \tag{3-27}$$

式中,C_{ii} 为显模型的灵敏系数;T_{m2} 为时间常数;ζ 为阻尼系数;ω_{n1} 为模型带宽。

带宽 ω_{n1} 决定着系统响应的快慢,在一定范围内,显模型的带宽越大,指令模型的响应越快,则显模型控制系统的跟踪性能就会下降。如果不顾飞行器本体的响应特性,一味地将显模型的带宽设计得太大,将使飞行器响应速度难以跟踪上显模型输出状态的变化。设计带宽时可以根据飞行器飞行动力学模型的带宽,结合飞行品质规范对各通道短周期响应的要求来确定。

灵敏系数 C_{ii} 的选择可以参考两条准则:一是保证驾驶员操纵下具有良好的性能,这在很大程度上取决于驾驶员经验和主观感觉;另一条准则是利用飞行品质规范对飞行器性能的要求来确定灵敏系数。由于本书研究的是复合翼无人机,准则一不适用,所以设计时需要参照相关的飞行品质规范来确定灵敏系数 C_{ii}。但是由于目前针对无人机的飞行品质规范还未建立,设计时更多的是参照有人机的飞行品质规范,并在此基础上根据无人机的特性做一定的修改。

阻尼系数 ζ 可以直接选取二阶系统的理想阻尼比 0.707。

（3）控制矩阵的设计。基于数字控制一拍采样周期内实现信号 Δx_1 跟踪指令 Δx_m,设计了图 3-29 中控制矩阵 G_1,可以实现飞行器的状态量 Δx 一拍跟踪显模型的输出量 Δx_m。G_1 的设计是基于式（3-19）所示的状态空间模型进行的。设在某个配平点处的线性状态空间模型可以表示为

$$\Delta \dot{x} = A\Delta x + B\Delta u \tag{3-28}$$

式中,A,B 分别为线性模型的气动导数矩阵和操纵导数矩阵;$\Delta x,\Delta u$ 为模型的状态变量和输入变量。

用后向差分法将方程（3-28）离散化,有

$$\frac{\Delta x(i+1) - \Delta x(i)}{T} = A\Delta x(i+1) + B\Delta u(i) \tag{3-29}$$

式中，T 为模型跟踪控制系统的采样时间。对式(3-29)进一步求解可得

$$\Delta x(i+1) = A_D \Delta x(i) + B_D \Delta u(i) \tag{3-30}$$

式中，$A_D = (I-AT)^{-1}$，$B_D = (I-AT)^{-1}BT$，相对于配平状态 x_T，式(3-30)又可以写为

$$x(i+1) - x_T(i) = A_D[x(i) - x_T(i)] + B_D[u(i) - u_T(i)] \tag{3-31}$$

式中，$u_T(i)$ 为配平操纵量。

假定经历一个采样周期后，能使系统进入新的配平状态，这是显模型跟踪控制系统设计时的一个重要假设，即

$$x(i) = x_T(i) \tag{3-32}$$

则式(3-31)可写为

$$x(i+1) = x(i) + B_D[u(i) - u_T(i)] \tag{3-33}$$

由图 3-29 可知，PI 控制器的输出为

$$u(i) = \Delta u(i) + u_I(i) \tag{3-34}$$

由于积分器的输出信号总是跟踪配平信号，则有

$$u_I(i) = u_T(i) \tag{3-35}$$

联立式(3-33)、式(3-34)和式(3-35)可得

$$x(i+1) = x(i) + B_D \Delta u(i) \tag{3-36}$$

模型跟踪控制最好的跟踪效果是使当前输出状态 $x(i+1)$ 和显模型的前一拍输出 $x_m(i)$ 相等，则式(3-36)可写为

$$e(i) = x_m(i) - x(i) = B_D \Delta u(i) \tag{3-37}$$

因此可以求得图 3-29 中角速率控制的比例控制项的控制律为

$$\Delta u(i) = B_D^{-1}[x_m(i) - x(i)] = G_1 e(i) \tag{3-38}$$

对于控制输入个数为 4，状态变量为 9 的飞行器，B_D 不能直接求逆，取 B_D 阵中控制量对被控制状态量 $[q \quad p \quad r \quad w]^T$ 的 4×4 的控制阵 B_E 进行求逆即可。最终求得的控制阵 G_1 为

$$G_1 = B_E^{-1} \tag{3-39}$$

(4)剩余参数的选取。基于一拍采样周期内飞行器的响应能够跟踪显模型的输出，设计了控制阵 G_1。但在这一拍内，系统跟踪的动态品质好坏和稳态误差的大小还与图 3-29 中其他参数有关，所以需要对图 3-29 中的 R，G_2 进行确定。

对控制阵 G_1 乘以 R 因子是用来改变系统内回路的前向增益，进而改变系统的动态跟踪性能，保证每一拍内对显模型有良好的跟踪性能。R 是 4×4 的对角矩阵，用来对内回路四个通道分别进行前向增益的调节，具体可以根据仿真时显模型的跟踪效果进行参数调整，确定出合适的 R 阵。

G_2 阵为 4×4 的对角阵，对角线上的各元素代表 4 个通道的积分系数，调节各积分系数可以改善跟踪系统的稳态误差。可以根据仿真结果对积分系数进行调整，使系统有满意的稳态误差。

2. 调参控制律

由于复合翼无人机过渡时飞机模型的参数在改变，很难用一套固定的控制参数对整个过渡过程进行良好的控制，可以基于模糊数学的理论，采用显模型跟踪调参控制系统，对过渡过程内环进行变参数控制，使整个过渡过程都具有良好的动态跟踪特性和稳态性能。

调参系统用到的模糊理论与 1.3.2 节模型综合时所用到的模糊理论一样，是利用有限状

态点处的控制参数拟合出全过程控制参数的变化规律,从而实现过渡飞行过程中跟踪控制系统的自动调参。

对复合翼无人机过渡过程选取多个状态点,并对各状态点下的线性模型分别设计显模型跟踪控制系统,获得控制矩阵 G_1,G_2,R 的多组值,根据并行分布补偿原理,与综合模型式(3-22)对应的控制器参数 G_1,G_2,R 可描述为

$$
\left.
\begin{aligned}
G_1 &= \frac{\sum\limits_{l=1}^{n} F_l(V) G_{1l}}{\sum\limits_{l=1}^{n} F_l(V)} \\[2em]
G_2 &= \frac{\sum\limits_{l=1}^{n} F_l(V) G_{2l}}{\sum\limits_{l=1}^{n} F_l(V)} \\[2em]
R &= \frac{\sum\limits_{l=1}^{n} F_l(V) R_l}{\sum\limits_{l=1}^{n} F_l(V)}
\end{aligned}
\right\}
\tag{3-40}
$$

式中,$F(V)$ 与 n 的定义与3.3.5节中相同,则显模型跟踪调参控制系统如图3-30所示。

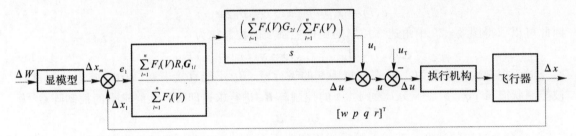

图 3-30　显模型跟踪调参控制的结构

经过显模型跟踪调参控制系统的设计,复合翼无人机各飞行模式具有了良好的操纵特性,在此基础上,可以基于经典控制理论对复合翼无人机各飞行模式的自动飞行控制系统进行设计。有关外环的设计,上述已经进行了介绍。

3.4.5　其他控制方法

除了上述介绍的控制方法,无人机的控制方法还有非线性控制方法、鲁棒控制技术等。

1. 非线性控制

无人机非线性控制方法主要有动态逆、反馈线性化、反步法和滑模控制等,航空器中应用最广的非线性控制方法是反馈线性化法。若控制对象的非线性模型较准确且模型是仿射的,则可以用精确反馈线性化的方法将系统的非线性变换到反馈通道,从而实现前向通道的线性化,进而可以用成熟的线性控制方法进行闭环控制系统设计。但是无人机的精确非线性模型很难获得,而且模型也可能非仿射。

动态逆是反馈线性化的一种,其不要求被控对象的模型为仿射的,只需要对系统的全状态

方程或者部分子系统的运动方程求逆即可实现系统的解耦和线性化。所以比精确反馈线性化的适应性要好,在无人机控制领域中应用更为广泛。动态逆与其他控制方法相比有其独特的优越性:适用于全飞行包线的控制、易于实现、线性化后方便系统镇定和性能指标的实现。同时动态逆也有明显的不足,首先对模型精度要求较高,通常需要结合自适应、神经网络、鲁棒最优控制等方法对动态逆线化后模型的不确定性进行补偿,其次,难以对动态逆方法进行鲁棒性分析。

反步设计法是一种常用的非线性设计技术,可应用于满足严反馈结构的非线性系统,在机器人控制、飞行控制等领域有着广泛的应用。此外,在航空器中应用的非线性方法还有滑模控制、模糊控制等。

2. 鲁棒控制

现代控制理论对飞机模型的精度要求较高,但是无论采用哪种建模方法,所得的模型不可避免地都会存在摄动,H_∞ 鲁棒控制方法则可以解决模型摄动问题。

μ 综合方法是由 H_∞ 最优理论发展而来,能有效克服 H_∞ 方法对结构不确定系统的保守问题。但是 μ 综合方法得到的控制器通常阶次较高,无法直接在工程中应用,需要降阶后才能使用,但是降阶就可能损坏控制器的鲁棒性,而且假如得到的控制器效果不满意,调整参数或者重新设计控制器都不轻松。

此外,还有一些控制方法,此处未一一列举,感兴趣的读者可以去查阅相关文献。但总的来说,这些先进的控制方法大多还停留在理论阶段,出于各种原因在工程中应用的较少,目前工程中主流还是采用经典的控制方法。

第4章 无人机总体设计

4.1 总体设计概述

飞机总体设计是涉及多学科的系统工程,建立在大量理论基础和工程实践上,其目标是根据设计要求和规范提出一种合理的、高性能的总体方案,并采用重要参数对总体方案进行系统阐述,飞机总体设计的基本流程如图4-1所示。

图4-1 飞机总体设计的基本流程

依据飞机设计内容的不同,其过程可以划分为概念设计、初步设计和详细设计三个阶段。概念设计是在满足飞机设计要求的基础上提出的初步概念方案,从而确定飞机外形布局和总体参数。初步设计是在概念设计的基础上具体化,并确定完整的总体设计方案。详细设计阶段是对总体设计环节的细化设计过程。概念设计到初步设计是飞机总体设计方案的优化过程。由于在飞行器总体参数的确定过程中,通常需要大量的经验数据支持和反复的迭代设计校核,其实现过程较为复杂。

飞机重量计算和重心定位是概念设计和初步设计这两个阶段的重要内容,其精确性直接影响飞机总体设计方案的重要参数的选择。作为飞机飞行操纵性和稳定性主要依据,重量计算和重心位置的确定在飞机设计的早期环节较为重要。具体表现为:

1)在概念设计阶段,飞机重量计算通常是依据飞机设计的需求,在统计数据和经验公式基础上及出生进行估算,初步估算飞机的空机重量和起飞重量;

2)在初步设计阶段,需要对飞机的主要组成系统进行分类,逐个评估各部分重量,最终确定飞机重量的总和。

统计数据是飞机设计的重要支撑方法,受统计数据编制方法的影响,飞行器总体设计的评估方法主要有半理论法、理论法和经验法,其中,经验法主要来自于飞机设计过程中的相关数据汇总和经验总结,通过对已有设计飞机资料和经验的统计、积累,获得对某一类型飞机部件参数和系统功能的相关信息。经验方法包括相对重量系数法、经验公式法、单位体积估算法和单位面积估算法等。经验法在分析设计过程中是一种非常简单且高效的设计方法,但由于其相关数据大多来自于经验或数据统计,所以使得设计精确度相对较低。从 20 世纪 40 年代至今,随着统计学的逐步发展,经验方法随之得到进一步的完善和创新,并针对不同类型飞机的统计数据和开发经验,形成了与之相互对应的机身重量经验计算公式。在飞机数字化设计软件中得到广泛应用,例如 ACSYNT,AAA 等。虽然经验公式法存在精度低、适用性狭窄等缺点,但其快速、简便的优点使其在飞机概念设计阶段得到广泛应用。理论法立足于飞机总体设计的宏观架构的基础上,结合飞机的结构特点、材料特性、气动性能等影响因素,通盘计算飞机的重量。相较于经验法,理论法可以获得更加准确的机身重量,其综合技术指标更为全面、清晰。理论方法采用了一种结构有限元方法估算机身重量。该方法将有限元分析方法与机构分析相结合,通过建立完整的机身模型,在结构中施加较为准确的条件要求,不仅有助于较为精准地获得重量分析,还可以针对性地进行结构优化设计,是目前飞行器数字化设计优化的重要内容之一。近十年,理论方法的使用环境随着 CAD/CAE 快速发展得到了明显改善,从而得到广泛的应用。例如代尔夫特理工大学(TU Delft)Krakers 等采用有限元方法研究噪声对飞机性能的影响。Toor 等利用有限元方法研究了飞机结构模型的设计。Boni 和 Fanteria 分别通过经验方法和理论方法研究了飞机初级设计阶段的总体设计方案,并利用有限元方法研究了飞机初级设计阶段的框架设计。这些研究均得到了理想的结果。

综合经验方法和理论方法的优点和缺点,半理论方法逐步被提出并应用,例如工程梁方法。半理论法是经验法和理论法相互结合的设计方法,通过数理统计和设计经验将飞机模型和复杂结构进行简化,再针对飞行器飞行、着陆、巡航等各个阶段施加不同的载荷,在状态稳定的前提下获取适当的机身重量数据。半理论方法既保留了经验法高效和简单的特点,也保留了理论法的高精度和适用性宽特点,所以在飞机初步设计阶段得到广泛使用。

4.2　无人机总体设计案例

总体设计是整个无人机设计中的第一环节,在这一环节需要明确该款无人机的设计要求,在此基础上进行参数计算、选择,确定无人机的布局形式、核心部件构型、主要参数和几何外形设计,最终形成设计方案。本节将以我校具体的无人机型号为蓝本,按照设计方案规划、总体参数初步设计、参数与结构详细设计的顺序,系统性地展示无人机总体设计的全过程。

4.2.1　总体目标

依据国土资源测绘行业需求,针对行业任务载荷设备的搭载的具体情况,计划设计开发一款 25 公斤级垂直起降固定翼无人机,完成结构设计、分析、机载设备选型等工作,可完成垂直起降、定点悬停、巡航飞行等技术功能。具体技术指标为如下:

起飞总重:25kg 左右;

飞行高度:3 000m;

巡航速度:30m/s;

续航时间:4h。

飞行任务剖面如图 4-2 所示。

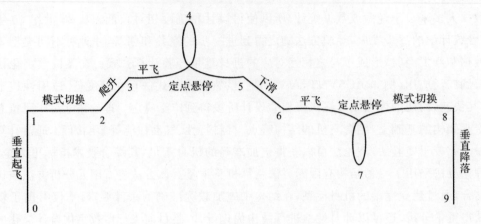

图 4-2　飞行任务剖面图

4.2.2　总体布局形式

根据设计需求,结合当前行业典型无人机布局模式,初步确定垂直起降平台方案为四旋翼布局模式,巡航飞行方案为固定翼布局模式。该型无人机系统具备两套独立的动力系统,以满足飞机在不同飞行状态下的动力需求,这使垂直起降固定翼无人机相较于传统的固定翼无人机和多旋翼无人机,具备了起降方便、巡航时间长的功能优势。

根据设计经验,参考行业中较为成熟的垂直起降固定翼无人机设计案例,为了提高设计的准确性,在满足无人机飞行要求和使用情况的前提下,从简化设计的角度出发,选取常规布局作为总体设计的基本方案,多旋翼动力装置对称分布,悬挂于机翼下方,结构简单紧凑。初步布局如图 4-3 所示。

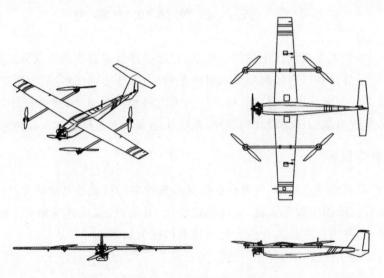

图 4-3　垂直起降固定翼无人机总体布局

在总体结构布局特点分析过程中,从长航时飞行和垂直起降动力系统悬挂两个方面作为机翼布局形式的主要参考内容。从多旋翼动力系统安装的设计需求出发,与支撑式机翼相比,上单翼布局可以为悬挂于机翼下方的旋翼提供较大的安装空间,使无人机重心与多旋翼飞行系统的升力中心实现配平,便于提高整体飞行器的稳定性;从长航时飞行特性的需求出发,为更好地提高整个飞行器的可靠性和巡航时间,选取升阻比较大、展现比中等的机翼作为设计参考;为了减少多旋翼机构与固定翼翼面之间的耦合影响,旋翼桨平面应平行或略低于机翼平面,同时前后旋翼桨面应与机翼前缘和后缘保持一定的距离。为具有中低速、长航时的特点,采用中心自主研发的电喷发动机为固定翼提供动力,无人机采用拉进式的布局形式。结合测绘巡检无人机巡航时间占飞行任务的比例较大,飞行时无人机常处于小攻角飞行状态,为减小机翼尾流对尾翼的影响,提高平尾的操作效率,故采用翼面布局位置相对偏上的 T 形尾翼作为布局方案。T 形尾翼由全动平尾和垂尾两个结构组合而成。

4.3　无人机总体参数初步设计

在总体设计初期,可采用统计参数法或者原准统计法进行初步参数的选择,在众多的飞行器设计参数中,对飞机的总体方案具有决定性全局影响的参数主要有 3 个:飞机最大起飞重量 W_{T0}、动力装置的海平面静推力 T_0 和机翼面积 S。

在设计过程中,通常将上述 3 个参数进行组合,给出两个相对参数:翼载荷 W_{T0}/S;推重比 T_0/W_{T0}。

根据飞行任务需求,拟定飞行性能指标,参考统计数据和《飞机设计手册》初步确定无人机的起飞重量、翼载荷、推重比等数值,并结合一般设计方法,确定其他所需设计参数。由于本设计需求中,巡航为小攻角飞行状态,根据飞行状态估算机翼载荷 W_{T0}/S,由巡航平飞状态下重力与升力平衡可知:

$$W_{T0}g = \frac{1}{2}\rho v_c^2 S C_{lc} \tag{4-1}$$

整理得:

$$W_{T0}/S = \frac{1}{2g}\rho v_c^2 C_{lc} \tag{4-2}$$

式中,W_{T0} 为无人机起飞重量;S 为机翼面积;v_c 为巡航速度;g 为重力加速度;ρ 为空气密度;C_{lc} 为三维机翼的升力系数,依据设计需求,参考《飞机设计手册》暂取为 0.9;参考同类型参数无人机的飞行界限图,根据图表曲线预估翼载荷为 24.73kg/m²,推重比在 0.45 以上。

4.4　重　量　估　算

起飞重量估算是飞行器早期设计环节非常重要的内容,参数的估算将影响飞行器性能的评估和规划方向。借助设计经验和飞机设计参数的统计,对同类型飞机的重量估算给出合适的重量系数,从而可以较为准确地估算飞机的设计起飞重量。本节参考了同类型小型无人机的相关重量系数,对设计目标飞行器进行重量估算工作。

无人飞行器的起飞重量 W_{T0} 一般可以表示为

$$W_{T0} = W_{PL} + W_{FU} + W_E \tag{4-3}$$

式中,W_{PL} 表示飞机的有效载荷重量,为 3kg;W_{FU} 为燃油重量;W_E 为空机重量。

第一项有任务需求确定,后两项则需要通过进一步计算确定。

4.4.1 燃油重量系数的估算

参考《飞机设计手册》,并结合设计需求,将本设计方案中无人机的整个飞行任务划分为暖机、滑行、起飞、爬升、巡航、下降和着陆 7 个阶段。不同阶段对应的飞机重量分别定义为 $W_1 \sim W_7$。按照手册设计流程,根据经验公式(4-4)确定所设计无人机的燃油系数,即

$$\frac{W_{FU}}{W_{T0}} = 1.06 \times \left(1 - \frac{W_7}{W_{T0}}\right) \qquad (4-4)$$

查询飞机不同阶段的燃油系数,计算出 $\dfrac{W_7}{W_{T0}}$ 的数值,最终得出燃油系数为

$$W_{FU}/W_{T0} = 0.176 \qquad (4-5)$$

4.4.2 空机重量系数预估

空机重量系数可近似概括为飞机的空重(千克)除以其机长(米)与翼展(米)的乘积。按照飞机设计统计规律可知,该型无人机的空机重量系数为 0.3~0.7。为保证飞机设计的余度,取 0.7 作为本设计方案的空机重量系数。

$$W_E/W_{T0} = 0.7 \qquad (4-6)$$

4.4.3 起飞重量的估算

将式(4-4)、式(4-5)和式(4-6)联立,得出设计无人机起飞重量的关系式为

$$W_{T0} = \frac{W_{PL}}{1 - \dfrac{W_{FU}}{W_{T0}} - \dfrac{W_E}{W_{T0}}} = 24.2 \qquad (4-7)$$

保证一定的余量,取无人机起飞重量约为 25kg。

4.5 动力装置设计

4.5.1 发动机选取

按照飞机任务的设计和飞行速度需求,对动力系统选择进行区间划分:①亚声速飞机,功率需求较小的飞行器,常采用活塞式发动机,这类动力装置主要利用油气混合气燃烧膨胀做功,推动机械装置运动;②冲压发动机结构简单,需要辅助动力系统加速至高速运动状态下才能开始燃烧做功,一般应用于导弹、超声速或亚声速靶机等高速飞行目标上;③火箭发动机工作时间短、加速度大,常用在高速飞行器或作为加速辅助装置;④涡扇发动机构造复杂,通常由涡轮风扇、进气道、压气机、燃烧室、涡轮和尾喷管等部分组成,通过吸入空气、加压燃烧产生高速射流冲击涡轮,连续进行做功,使飞行器高速飞行。更具任务需求,本设计方案为低速小功率无人机,故选择活塞发动机作为动力方案。

参照《飞机设计手册》,按照界限线法,求解出飞行器所需的推重比和起飞重量 W_{T0},从而确定飞机起飞所需的推力 T_a 为 11.75kg。选取笔者自主研发的 60CC 电喷活塞发动机作为无人机动力来源,其最大拉力为 13kg,可满足该型无人机的动力需求(见图 4-4)。

图 4 - 4　60CC 电喷活塞发动机

4.5.2　推力螺旋桨的选取

目前,行业中低速无人机常采用螺旋桨动力装置和活塞发动机作为动力方案,它具备操作简便、易维护、工作稳定和成本低的特点。发动机与螺旋桨效率之间的匹配会直接影响实际的推进效果,所以在配桨时,要参考螺旋桨效率和发动机功率之间的匹配效果选择合适的螺旋桨参数。具体的配桨方案可参考活塞发动机提供的配桨参数进行选择。根据以上要求,选用 23×10 碳纤维桨可以与所选发动机较好地配合使用。

4.6　总体布局设计

4.6.1　主机翼设计

根据任务分析和总体布局阶段的设计需求,采用悬臂式上单翼布局作为机翼的结构设计方案。平直机翼能够得到最好的起飞着陆性能和机动性能以及在亚声速下较高的升阻比和航程,故采用不后掠的常规平直梯形机翼,且机翼的气动特性受到机翼平面几何参数包括翼面积 S、展弦比 λ 和根梢比 η 等的影响。其中,展弦比的变化将影响机翼的气动导数,如诱导阻力系数 C_{Di}、零升阻力系数 C_{D0} 和升力线斜率 C_y^{α} 等,增大展弦比将在减小机翼诱导阻力的同时增大升阻比;而减小展弦比可以减小机翼根部的弯矩、减轻结构重量,从而有利于承力构件的布置和内部容积的利用,与此同时也可以防止大迎角时的翼尖失速。综合考虑各方面因素选取展弦比 $\lambda=9.14$。由初始设定和前文计算可知:预估翼载荷 $W/S=22.73\mathrm{kg/m^2}$,飞行器的最大起飞重量为 25kg,则暂定的梯形机翼面积为 $S=1.099\mathrm{m^2}$,计算得翼展 $b=3.17\mathrm{m}$。接着确定机翼的根梢比 η,由于设计无人机巡航速度为 30m/s,在亚声速范围内,需要考虑机翼诱导阻力的影响,机翼的诱导阻力可以表示为

$$C_{Di} = k \frac{C_y^2}{\pi \lambda} \tag{4-8}$$

当展弦比为定值时,系数 k 是关于根梢比的函数,由 k 与根梢比 η 的关系曲线(见图 4-5),由于机翼结构和垂尾布置等因素,η 不能选得太大。综合分析可知,在 $\eta = 1.8$ 时,k 值较为理想,载荷分布和部件尺寸较为合理。故选取根梢比 $\eta = 1.8$,从而算出机翼翼根处弦长 $C_{根} = 0.45 \text{m}$,翼梢处弦长 $C_{尖} = 0.25 \text{m}$。

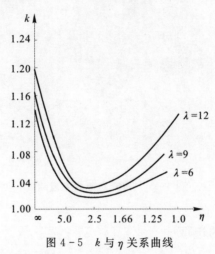

图 4-5 k 与 η 关系曲线

由于所设计的无人机飞行速度低,飞行稳定性要求高,从设计和生产的方面出发,选取翼型厚度适中的平直梯形机翼作为机翼设计方案。图 4-6 为假想机翼外形。

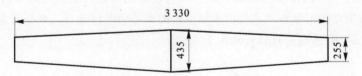

图 4-6 假想机翼外形投影示意图(单位:mm)

4.6.2 机身设计

无人机低速飞行时,空气摩擦阻力是无人机主要的阻力来源,通过改进机体表面的喷涂材料,减少机身表面积达到减小阻力需求。本设计方案主要针对航空测绘和巡视等工作任务展开设计,飞机机载设备和任务设备安置舱位于飞机前部,所以在前部容积满足使用需求后,尾部容积相对可以较小,可以采用细长的机身作为设计方案,以达到减少飞机表面积、降低机身重量、增强机体结构强度的设计目标。

参考无人机设计需求和设备配置方案,机身内部应搭载供电装置、无人机自主驾驶仪(飞行控制系统)、数据传输系统和任务设备吊舱。机身结构细长,所以前部容积相对加大,便于安装相关设备。飞机头部应考虑发动机安装座的设计与排布,便于发动机调试、维护和安装拆卸,因此在临近动力装置的机身部位应设计舱盖,便于设备的安装和使用。

根据任务设备需求,针对不同功能模块的尺寸,规划机身设计尺寸为长 4.5m,宽 0.25m,高 0.3m。

4.6.3　尾翼设计

无人机的稳定性和操纵性与尾翼有很大的关系,尾翼的设计应确保无人机在飞行过程中获得必须的稳定性和操纵性。为了便于控制和设计生产,常规布局的尾翼通常由垂直尾翼和水平尾翼两部分组成,其中垂直尾翼由垂直安定面和方向舵组成,主要担负方向舵功能,水平尾翼由水平安定面和升降舵组成,主要担负俯仰操作和纵向稳定功能。本设计中根据设计任务需求,采用 T 形尾翼作为设计方案。

平尾展长为 1m,根弦长为 0.2m,梢弦长为 0.11m,1/4 弦线后掠角为 0°。平尾面积的计算公式为

$$C_{HT} = \frac{L_{HT} S_{HT}}{C_W S_w} \qquad (4-9)$$

式中,C_{HT} 为平尾容量系数,根据经验取为 0.5;S_w 为机翼面积;C_W 为机翼平均气动弦长;L_{HT} 为平尾力臂,由设计草图可以大概估出 $L_{HT} = 1.5$m;S_{HT} 为平尾面积,根据相应数据可求得平尾面积为 0.155m^2。设计方案的平尾平面形状如图 4-7 所示。

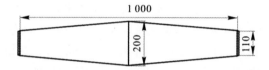

图 4-7　平尾外形投影示意图(单位:mm)

垂尾展长为 0.521m,根弦长为 0.409m,梢弦长为 0.286m,经过计算得平均气动弦长为 0.351m,后缘后掠角为 0°。垂尾面积的计算公式为

$$C_{VT} = \frac{L_{VT} S_{VT}}{b_W S_w} \qquad (4-10)$$

式中,C_{VT} 为垂尾容量系数,根据经验选取为 0.04;S_w 为机翼面积;b_W 为机翼翼展;L_{VT} 为垂尾力臂,由设计草图可以大概估出 $L_{VT} = 4.24$m;S_{VT} 为垂尾面积。根据相应数据可求得垂尾面积为 0.181m^2。尾翼翼型选取 NACA0012 对称翼型。设计方案的垂尾平面形状如图 4-8 所示。

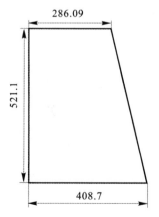

图 4-8　垂尾外形投影示意图(单位:mm)

4.7　机　翼　设　计

在飞机设计过程中,翼型的选择非常重要,翼型对气动特性和各飞行阶段的气动效率影响很大,因此需要全面考虑其参数问题,才能保证飞行器良好的气动特性。一般而言,翼型的选择应满足以下条件:

(1)最大升力系数尽可能大;

(2)在设计升力系数点的阻力系数应尽量小;

(3)在设计升力系数附近,应具有一段尽量平直的低阻区,防止飞机速度变化时阻力产生较大的波动;

(4)可用迎角范围尽量大,以防止失速,且巡航状态下的迎角应尽量远离失速迎角,失速较柔和;

(5)相对厚度不能太小,以免机翼付出结构重量上的代价;

(6)翼型的零升力矩系数不能太大,以免引起太大的配平力矩。

SD7032 翼型具有较好的低速飞行性能,本设计任务主要针对国土测绘和巡检,对飞机的飞行速度要求较低,在整个飞行过程中,无人机大部分飞行状态都处于小攻角飞行状态,故选用 SD7032 翼型作为飞机翼型的设计方案。图 4-9 为 SD7032 翼型的二维图形,SD7032 翼型气动力数据如图 4-10 所示。SD7032 翼型的流场计算结果如图 4-11 所示。

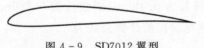

图 4-9　SD7012 翼型

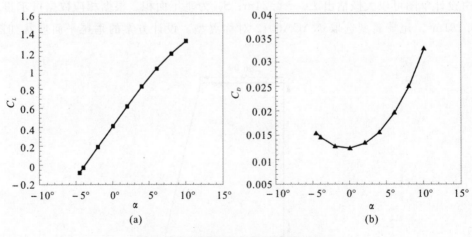

(a)　　　　　　　　　　　　　(b)

图 4-10　SD7032 翼型气动力数据

(a)升力系数曲线;(b)阻力系数曲线

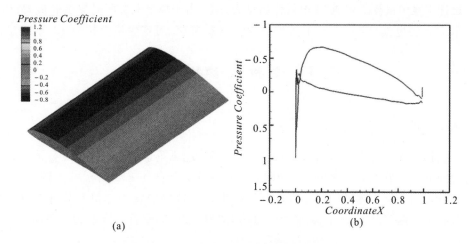

图 4-11　SD7032 翼型气动力计算结果

(a)表面压力系数云图；(b)截面压力系数曲线

对于设计方案这种低速固定翼小型无人机,诱导阻力不可忽略。机翼诱导阻力系数表达式为

$$C_{xi} = k \frac{C_y^2}{\pi \lambda}$$

根据式(4.16)可知诱导阻力系数 C_{xi} 与机翼展弦比 λ 成反比,增大展弦比可降低诱导阻力并增大升阻比,对增加飞机航程有利。

为了更好地符合低速无人机的设计需求,具备较好的低速气动特性,减小诱导阻力,无人机的机翼采用大展弦比矩形机翼结构。所选取的 SD7032 翼型厚度较厚,便于在三维设计阶段,机翼内部安装碳纤维管,以达到增强机翼强度和刚度的效果。

4.8　旋翼部分参数设计

在进行旋翼部分的设计时,可将除旋翼、机架和悬臂之外的总重视为负载,设悬停状态下单个电机的拉力为 L,单个电机所需提供的最大拉力 L_{max} 可表示为

$$L_a = \frac{W_t}{N_{motor}} \qquad (4-11)$$

$$L_{max} = (1 + \alpha)L_a \qquad (4-12)$$

式中,α 为安全裕度,在实际应用中 α 一般大于或等于 0.3。

按照任务书给定最大起飞重量 $W_{T0} = 5 \text{kg}$ 来进行初步估算,取过载为 2,即取安全余量 $\alpha = 1$,电机数量 $N_{motor} = 4$,电机需要提供的最大拉力为 12kgf。

参考多旋翼无人机设计过程中对电机选取的原则,配置直流无刷电机作为无人机垂直起降动力系统的动力方案。为保证垂直起降功能的实现,单个电机在额定状态下,最大拉力应大于无人机设计起飞重量下的最大所需拉力的 1/4。电机 KV 值是电机选区的重要参考指标,其定义为每 1V 的电压下电机每分钟空转的转速。在同等电压,KV 值小的无刷直流电机转速低、扭力大,可以有效驱动更大的桨叶,配桨效率相对较高,此时电机转速低、震动小、效率高。

本设计方案中选择凯越 8014 电机作为动力方案,由于单个电机所需提供的最大拉力 $L_{max} =$ 8kg,选取 12S 锂电池,在 44.4V 下搭配 jxf28x12 碳纤桨,可产生最大拉力 12kg,满足需求。

4.9　全机气动特性分析

4.9.1　无人机构型

无人机构型为固定翼与垂直起降结合的飞行器,起飞重量为 25kg,该飞行器包含机翼、用于垂直起降的四个旋翼和平飞的拉力螺旋桨,几何外形如图 4-12 所示。该构型几何参数如表 4-1 所示,用于垂直起降的四个螺旋桨通过电机安装座安置于电机安装杆上,电机安装杆连接于机翼上。起降状态下,四旋翼产生推力,巡航状态下,垂直起降四旋翼关闭。

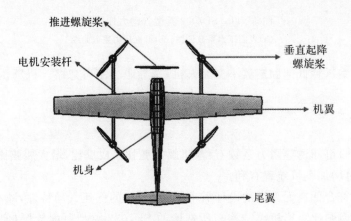

图 4-12　无人机示意图

表 4-1　无人机参数表

名　称	参　数
半展长	1.663m
弦　长	0.424m/0.255m
半参考面积	0.565m²
螺旋桨间距	1.34m
螺旋桨直径	0.72m

4.9.2　计算状态

设计方案以巡航状态为计算状态:选择计算高度为海平面,对应处大气密度为 $1.225kg/m^3$,温度为 223.25K,飞行速度为 27m/s,分别计算了迎角为 $-4.5°\sim10°$ 状态下的气动特性。

4.9.3　数值模拟方法

1. CFD 数值模拟方法

CFD 方法使用计算数学的方法将流场控制方程离散到一系列网格节点上并求其数值解。控制所有流体流动的基本规律是质量守恒定律、动量守恒定律与能量守恒定律,可其分别导出流体流动的连续性方程、动量方程与能量方程。这些方程构成非线性偏微分方程组,无法获得解析解,只能通过数值方法求解,求解时必须给定模型几何形状及尺寸,确定计算区域并给出合适的进出口、壁面及自由面边界条件,同时还需要合适的数学模型及包括相应初值在内的过程方程的完整数学描述。

2. 螺旋桨滑流计算方法

对于螺旋桨这种机械旋转问题,常用的多块结构网格计算方法存在对拓扑及网格质量要求高、网格构建难度大、计算边界条件难以设置等问题,而搭接型多块网格技术发展而来的非重合多块网格方法则可以解决这一难题。在螺旋桨机械旋转问题中使用拼接型滑移网格,将网格分为旋转与静止两个部分,使得两个网格块之间能够独立进行修改与加密,使得网格适应性和灵活性得到了大幅提升。

本节对于飞行器所用螺旋桨的数值模拟采用准定常方法计算,选用多重参考坐标系方法(Multiple Reference Frame Model,MRF)来处理螺旋桨,MRF 方法适用于网格区域边界上各点的相对运动基本一致的情况,比如旋转问题。该方法在保证合理的计算精度前提下对计算资源要求较低,适合进行大量的气动模拟及设计工作。使用 MRF 方法进行计算时整个计算区域会被分为若干个子区域,每个旋翼为一个单独的旋转域,其他区域为静止域,每个区域内单独求解,后通过交界面进行信息交换,静止域与旋转域的区域划分如图 4-13 所示。螺旋桨部件与其周围的淡蓝色空间为旋转域,外侧为静止域,两个区域间通过点划线示意的交界面进行流场信息交换。静止域网格(cell zone 2)和旋转域网格(cell zone 1)在交界处的特征如图 4-14 所示,MRF 方法假设流动是定常的,因此只需要一次搜索来确定相邻的网格单元,然后使用插值方法得到虚拟单元的流场值实现信息传递。

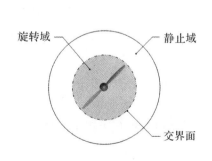

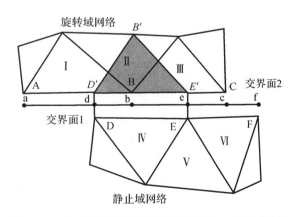

图 4-13　静止域与旋转域划分示意图　　图 4-14　静止域与旋转域交界面网格信息传递示意图

3.计算网格划分

无人机网格划分如图 4-15、图 4-16 所示,网格采用 ICEM CFD 软件生成非结构网格,包括静止域和旋转域,静止域是指无人机远场至飞行器表明网格,但是不包含螺旋桨旋转区域。旋转域网格包含螺旋桨表明网格和螺旋桨周围部分区域。

在 CFX 计算工具中,可将两个计算域进行装配,旋转域绕定轴进行转动,模拟螺旋桨旋转,两个计算域的数据信息在交界面通过差值进行数据传递。

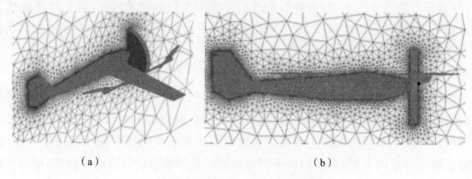

（a） （b）

图 4-15 无人机非结构网格

（a）无人机网格等轴视图；（b）无人机网格右视图

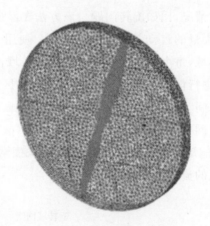

图 4-16 螺旋桨旋转域的非结构网格

4.9.4 气动特性分析

1.翼身组合体气动特性分析

翼身组合体计算结果如图 4-17 至图 4-19 所示,流场计算结果如图 4-20 所示。与翼型升力系数计算结果相同,在 $-5°\sim10°$ 迎角范围内,升力系数随迎角增大而增大。但区别于翼型计算数据,在 $-5°\sim10°$ 迎角范围内,阻力系数由于引入了机身的压差阻力和摩擦阻力,因此,形成了阻力系数随迎角增大而增大的现象。

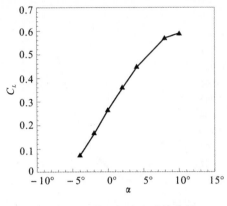

图 4 - 17　翼型气动力计算曲线

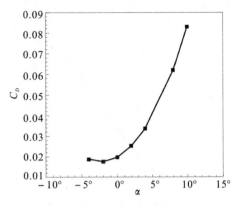

图 4 - 18　翼型气动力计算曲线

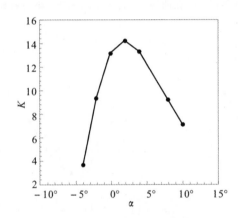

图 4 - 19　翼型气动力计算曲线

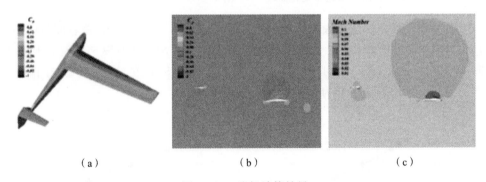

（a）　　　　　　　　（b）　　　　　　　　（c）

图 4 - 20　流场计算结果

（a）表面压力系数云图；（b）空间压力系数云图；（c）空间马赫数云图

2. 垂直起降无人机气动特性分析

（1）升力/阻力计算结果。升力系数、阻力系数、升阻比计算结果如图 4 - 21 至图 4 - 24 所示。在 −5°至 10°迎角范围内，升力系数随着迎角增加而增加，未达到失速迎角。在 −5°～10°迎角范围内，阻力系数随着迎角增大，先减小后增大，在 0 度迎角阻力系数最小。在 −5°～10°迎角范围内，升阻比随迎角增大，先增大后减小，在 6°迎角达到最大值，升力系数为 0.603 3，最大值为 23.80。

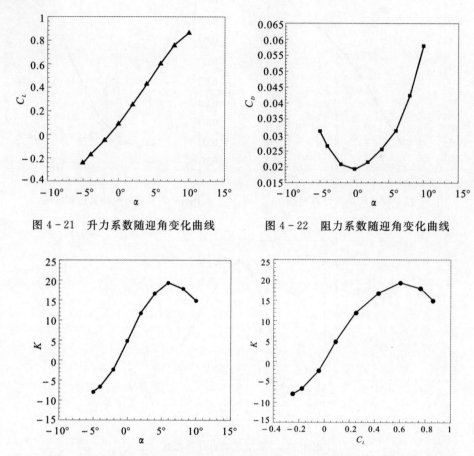

图 4-21　升力系数随迎角变化曲线　　图 4-22　阻力系数随迎角变化曲线

图 4-23　升阻比随迎角变化曲线　　图 4-24　升阻比随升力系数变化曲线

　　(2)纵向静稳定性分析。无人机力矩系数计算结果如图 4-25 所示,随着迎角增加与升力系数增加,力矩系数逐渐较小,在 $-5°\sim10°$ 迎角范围内,无人机具有纵向静稳定性。在 $0°$ 迎角,纵向静稳定性为 0.16%;在 $4°$ 迎角,纵向静稳定性为 3%;在 $8°$ 迎角,纵向静稳定性为 10%;在 $10°$ 迎角,纵向静稳定性为 13%。

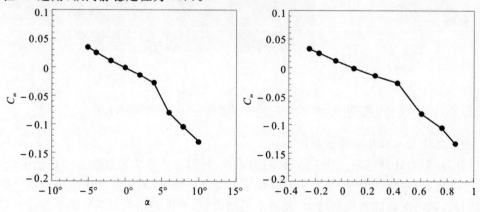

图 4-25　力矩系数随升力系数变化曲线

（3）设计特性分析。无人机巡航速度为 27m/s，动压为 446.5Pa，参考面积为 2.24m²，则在 2°迎角的升力为 25.6kg，满足巡航设计要求。当无人机以低速度起飞时，飞行迎角应达到 10°以上且偏转襟翼，增加机翼升力系数。

（4）流场计算结果。飞行器的流场计算结果如图 4-26 所示，机翼压力分布符合常规认知，气流在机翼前缘加速，压强降低，形成低压区。在翼型后部，流管扩张，速度降低，压强增加，逐渐恢复至自由来流压强。

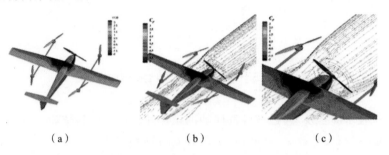

（a）　　　　　　　　　　（b）　　　　　　　　　　（c）

图 4-26　垂直起降飞行器流场计算结果

（a）压力系数云图；（b）流线图；（c）螺旋桨流场细节图

以驾驶员视角来看，本飞机螺旋桨旋转方向为顺时针。受螺旋桨顺时针高速滑流的影响，气流流经左侧机翼时，对左侧机翼带来上洗效果，扩大了左侧机翼的低压区域，气流流经右侧机翼时，对右侧机翼带来下洗效果，削弱了右侧机翼的低压区域。总体来看，螺旋桨高速滑流经过机翼和机身，增大了机翼升力但也造成了升力分配不均以及滚转操作力矩的情况。

第5章 计算机辅助设计概要

5.1 计算机辅助设计发展

随着计算机技术的普及,通过软件程序辅助设计师进行工程制图和三维设计,不仅可以加快工程开发进度,提高设计效率,同时,也可以有效协助和改进生产工艺。数字化三维设计将原本的尺规作图从纸面搬至计算机程序设计界面上,极大地方便了数据的修改、存储、检索和优化,有效地提高了设计过程的标准化和规范化,提高了管理效率。特别在航空产业领域,计算机辅助设计对航空产业的发展具有巨大的推动作用,波音、空客等国际知名航空科技公司均采用全数字化设计流程,并实现了数字设计图纸与工艺开发的相互融合,在改善工艺,提高设计精度的基础上,有效节省了研发投入,缩短研发周期。图 5-1 为采用数字化设计的垂直起降隐形战机。

图 5-1 采用全数字化设计的垂直起降隐形战机

计算机辅助制图技术源于美国,随着工业发展,传统的设计方法很难满足大型复杂工程的设计开发需求。20 世纪 50 年代,随着计算机的出现和发展,简单的制图程序开始出现,在这一时期,被动输出式的计算机辅助设计(Computer Aided Design,CAD)技术是代表性的绘图系统;60 年代,随着曲面片技术的出现,计算机辅助设计得到了较大发展,商用化的辅助设计系统开始出现;70 年代,在早期开发的经验基础上,较为完备的计算机辅助设计系统初步形成,并具备了产生逼真图形的光栅扫描显示器和图形输入设备,CAD 技术得到了进一步的完善和发展;80 年代,随着微处理器和存储技术的出现,电脑大规模应用的条件逐渐成熟,CAD 技术也进一步在中小型企业的产品开发中得到应用;与此同时,CAD 技术的迭代提升,使得标准化、智能化、集成化的辅助设计系统可以更好地满足设计生产的实际需求,商业化的 CAD 品牌成为工业设计领域的重要技术力量。

一批新的技术理念也伴随着 CAD 技术,改变着工业设计的进程。图形接口软件和图形功能提高了数据的可移植性,综合系统功能促进了计算机辅助设计与辅助制造的有机结合,固化技术、网络技术、多处理机和并行处理技术在 CAD 中的应用,极大地提高了 CAD 系统的性能,人工智能和专家系统技术引入 CAD,出现了智能 CAD 技术,使 CAD 系统的问题求解能力大为增强,设计过程更趋自动化。

当前,计算机辅助设计技术已经广泛应用在了机械设计、建筑设计、艺术学、工业设计、地质和软件开发等行业中。

5.2　典型计算机辅助设计软件介绍

设计领域对于电子计算机技术的运用主要体现在平面设计、三维立体形象设计、网络及多媒体设计、以 CAD 为基础的专业制图等方面。根据现代设计的发展要求,软件设计师开发了大量的设计用软件,现代设计领域比较流行的有 AutoCAD、3DMAX、TurboCAD Deluxe、SolidWorks 和 CATIA 等软件。

1. AutoCAD 简介

1982 年,Autodesk(欧特克)公司首次开发出了 AutoCAD(Autodesk Computer Aided Design)软件(见图 5-2),实现了用计算机辅助设计人员完成二维、三维的绘图设计,并成为全球范围内广泛使用的绘图软件。AutoCAD 具有较好的用户体验感,通过命令行方式或交互菜单就能轻松实现多种操作,简单易懂的操作模式可以让非专业人士也能快速学会并运用。软件系统具有极高的兼容性,可以在多种操作系统上完美运行。

图 5-2　AutoCAD 软件图标

2. TurboCAD Deluxe 简介

TurboCAD 是通用 2D/3D 而功能强大的设计软件,具有良好的操作界面,可拖页查看,有符号库、独立的下拉菜单(见图 5-3),可以创建完美的物件以及建筑模型,集浏览、编辑为一身,支持多种图形格式,可兼容包括 DXF,DWG,STEP,IGES 和 DGN 在内的 25 种 CAD 文件格式。

图 5-3　TurboCAD 软件图标

3. 3D MAX 简介

3D Studio Max,是由 Discreet 公司为了降低工业 CG 制作门槛,打破 SGI 图形工作站对大型 CG 制作的垄断,而开发的一款基于 PC 系统开发的三维动画渲染和制作软件(见图 5-4),它具备性价比高、使用方便等优势,并逐步在影视特效和游戏动画制作中得到应用。

3 3DS MAX

图 5-4　3D MAX 软件图标

4. SolidWorks 简介

作为世界上第一个在 Windows 系统环境下开发的三维计算机辅助设计系统(见图 5-5),它集成了数百项技术的创新成果,并符合 CAD 技术的发展趋势,自推出之日起,它便可以利用稳定,创新的三大特点获得了市场的极大认可,并逐步成为目前全球应用最为广泛的计算机辅助设计系统之一,同时,也成为达索企业中最具竞争力的 CAD 产品。

图 5-5　SolidWorks 启动界面

5. CATIA 简介

CATIA 是法国达索公司开发的一款三维设计产品(见图 5-6),拥有非常完整的曲线操作工具和最基础的曲面构造工具。同时,模块化的系列产品可以实现风格和外型设计、机械设计、设备与系统工程、管理数字样机、机械加工、分析和模拟等多种功能。各个模块存在全相关性,针对三维模型的修改,可以完全体现在如二维模型、模拟分析、模具和数控加工的程序中,使修改维护效率大大提升。

图 5-6　CATIA 软件图标

5.3　计算机辅助设计软件对于飞机设计的推动

　　计算机辅助设计技术在当今工业设计中广泛使用,航空工业是一个国家工业实力的集中体现,计算机辅助设计技术对飞行器设计等大型工业设备开发拥有极强的推动效果。飞机的设计需要大量草图,其过程也较为烦琐、复杂,但计算机辅助设计可以大幅降低设计时间,从而提高设计效率。CATIA 软件的应用就来源于航空航天工业,凭借其可靠性和精确性在飞机设计等领域得到了广泛应用。

　　在众多的航空航天业项目里,CATIA 软件多用于设计虚拟原型机,例如美国的波音 777、波音 737 以及我国的“飞豹”歼轰-7 无人机都是由 CATIA 设计开发出来的(见图 5-7)。波音 777 飞机是一款基于 CATIA 系统设计开发的大型客机,其零部件和总装测试全程在计算机设计环境下实现。整个设计过程由多国联合设计开发,项目汇聚了美国、英国和日本等多个国家的 1 700 余名设计和项目管理人员,通过组建 1 400 套 CATIA 工作站的大型设计管理系统,使设计人员可以同时开展设计工作,共享设计反馈。整个设计过程中,设计人员在三维设计环境下完成了飞机零部件和全尺寸预装配的全过程,并对设计缺陷与错误进行及时的修正和优化。高效的设计与优化过程提高了设计效率,减少了 50% 的重复环节和优化过程。

图 5-7　在 CATIA 绘图环境下设计的歼轰-7 战机

5.4　计算机辅助技术的应用

(1)绘制二维、三维工程图。绘制二维、三维工程图是计算机辅助设计软件最主要和普遍的功能,可以取代传统的手工绘图工作。

(2)建立图形及符号库。在设计开发过程中,通过建立常用图形与符号库,设计者可以在设计时随时使用,提高工作效率。

(3)参数化设计。参数化设计又称作初次驱动几何技术,作为 CAD 的研究热点,其机理是通过几何约束、工程方程与关系,确认建模的特征。常用的相关术语和命令有参数化设计、草图设计、参数化绘图、图形参数化等。

(4)三维造型。三维建模过程主要通过线框、曲面和实体三个步骤,构建模型。常用的相关术语和命令有构造长方体、构造圆球、剖切和构造同轴回转体等。

(5)工程分析。目前,主流的三维设计软件均提供了内置的工程分析模块,可以实现模拟仿真、有限元分析等分析功能,为设计者提供结构优化、强度校核、运动分析等数据参考。

5.5　计算机辅助设计技术的优势

(1)便于文档管理数字信息化。通过 CAD 技术设计完成的图文档案、分析与计算过程、产品设计变更情况等结果都可以转化为数字信息,而这些数字信息都可以通过 CAD 系统中的图文管理系统自动管理,方便在使用这些信息资源时能够快速找出。

(2)缩短周期、提高效率。利用计算机辅助技术代替传统的设计方式,能够大幅缩减设计人员的工作量,减少设计周期,提高设计效率,进一步加快了产品的更新速度。

(3)便于产品标准化、提高质量。计算机辅助设计技术的参数化设计功能,有效提高了产品设计的标准化和精细化程度,降低了人为的设计误差,实现产品设计的最佳效果。

5.6　CAD 产品设计的一般过程

计算机辅助设计流程可分为概念设计、三维设计和数字样机三个阶段。概念设计阶段主要是依据设计需求,参考同类型/功能相似设备的设计要点,进行设计规划和草图设计;三维设计的阶段主要依托早期的设计架构,立足基本设计原理,对零部件和功能关系进行设计。在三维环境下,设计过程和装配过程可以清晰地反映出来;数字样机阶段主要侧重在分析软件的帮助下,对零部件的应力、应变进行校核分析,对装配体功能进行模拟演示,为产品设计的修正和功能的提升提供支撑。

CAD 产品的设计方法可归纳为自上而下式设计和自下而上式设计两大类。自上而下式设计是指从产品的装配体开始,逐步细化设计,形成子装配、零件的设计过程;而自下而上式则是指产品从基础零部件设计开始,逐步完成子装配设计到总装配的设计过程。

CAD 产品设计的一般流程如图 5-8 所示。

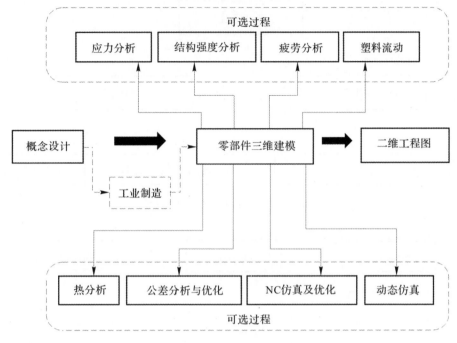

图 5 - 8　CAD 产品设计一般流程

5.7　CAD 系统的基本功能和结构组成

5.7.1　CAD 系统的基本功能

（1）人机交互功能。人机交互界面是连接操作者与系统的纽带，是实现信息交换和交互的媒介。在保证正常使用和性能的前提下，操作"方便"，信息交互"友好"的人机界面可以有效提升开发的效率和工作质量。

（2）图形显示功能。计算机辅助设计过程是一个人机交互的过程，在设计、分析的每一个环节都需要通过显示器向用户反馈设计效果。

（3）存储功能。CAD 系统在运行过程中会产生大量的运算数据，这就需要配置有较大容量的存储设备，从而保证系统的各个模块在运行时能够正常且流畅。

（4）输入输出功能。CAD 系统的输入功能是指用户在使用软件系统进行设计时，将设计需求和运算步骤等数据输入计算机中的过程。软件在操作系统平台下运行，各模块处理输入的设计指令，将得到的结果及时输出。

5.7.2　CAD 系统结构组成

CAD 系统由硬件和软件两大部分组成，如图 5 - 9 所示。硬件系统主要是指运行软件的计算机和相关配套使用设备，最低的配置需要满足系统的基本功能；软件系统则主要由系统软件、支撑软件、应用软件三大部分组成。系统硬件和软件的基本配置如图 5 - 10 和图 5 - 11 所示，但对某一具体系统可能存在部分差异。

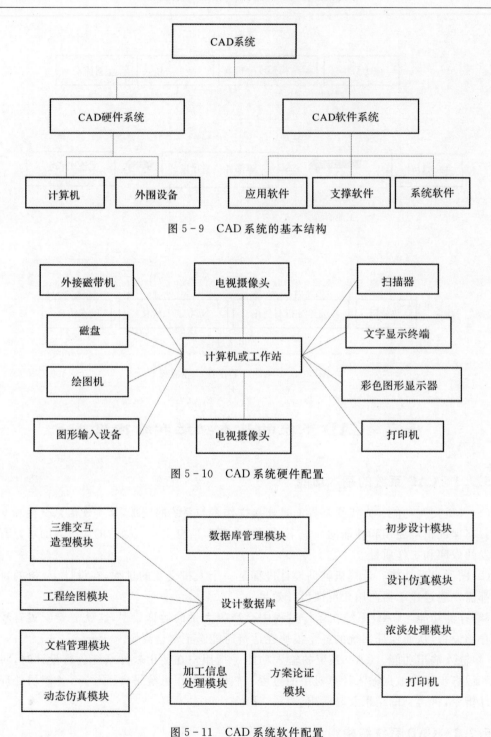

图 5-9　CAD 系统的基本结构

图 5-10　CAD 系统硬件配置

图 5-11　CAD 系统软件配置

　　CAD 按照用途大致可分为专业型和通用型两类。专业型主要面向具有特殊功能需求的用户群体,通用型则适用于多种应用范畴,对计算机的配置要求相对较易满足。同时,根据建模需求的不同,也可分为二维 CAD 和三维 CAD 系统。

5.8　CATIA V5 功能模块简介

CATIA 在航空技术领域应用较为广泛，本章以 CATIA V5 R12 为例，介绍常用命令和无人机设计基本过程。其基本模组包括涵盖基础结构、机械设计、形状、数字化装配、设备与系统、人机工程学设计与分析等 13 个模组，开发功能丰富。下面介绍常用的几种模组。

（1）"基础结构"模组。"基础结构"模组包含材料库、图片制作、产品结构、实时渲染和 CATIA 不同版本之间的转换等基础模块。

（2）"机械设计"模组。在设计过程中，"机械设计"模组通过线框和曲面设计、草图绘制器、零部件设计、工程制图和装配件设计等模块，为机械设计提供从概念到细节设计和实际生产的技术支撑，可以极大地提升产品的设计效率，缩短开发周期。

（3）"形状"模组。CATIA 在外形设计和风格造型方面，用户提供自由曲面造型、创成式曲面设计和快速曲面重建等功能，可以满足用户对于创意设计的相关需求。

（4）"分析与模拟"模组。"分析与模拟"模组可以快速解决零件和装配体中诸如公差分析、结构分析等设计需求，便于利用分析规则进行优化和改进。

（5）"AEC 工厂"模组。"AEC 工厂"主要是针对厂房的布局设计与优化而开发的功能模组。

（6）"加工"模组。CATIA 完成产品设计之后可以切换到加工模组下的工作台，继续完成产品的加工设计。

（7）"数字化装配"模组。通过与其他模组相互配合，完成产品的机构与空间模拟、机构运动和结构优化等功能。

（8）"设备与系统"模组。CATIA V5 设备与系统模组可以应用在不同的行业领域。模组下包含电子、电气、管道等工作台，可用于 3D 电子样机配置中模拟较为复杂的电气、液压和机械系统的设计与空间布局优化。

5.9　无人机计算机辅助设计开发步骤

双击 CATIA 图标，打开 CATIA，点击菜单栏"开始"按钮，找到机械设计栏中的零件设计，单击"打开"（见图 5-12）。

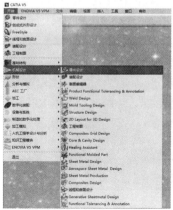

图 5-12　打开 CATIA

打开之后会在桌面右下角出现"新建零件"的对话框,输入实例名称 DEMO_UAV(见图 5-13)。

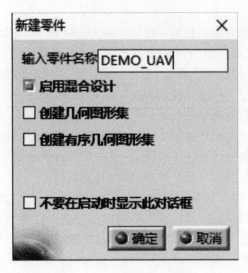

图 5-13　新建零件对话框

完成操作后效果如图 5-14 所示。

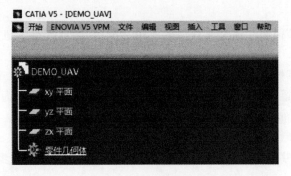

图 5-14　操作完成

再在菜单栏点击"插入",在子菜单中找到"几何体",单击插入"几何体"(见图 5-15)。

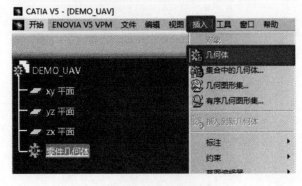

图 5-15　插入几何体

　　同样的方法再插入两个几何体,这样一共得到 4 个几何体,再右键单击几何体,在弹出的对话框选择重命名,分别为 4 个几何体重命名为机翼、机身、垂尾和平尾,如图 5-16 所示。

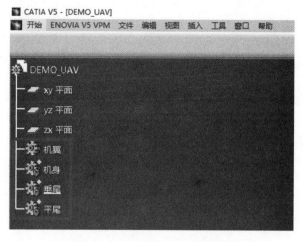

图 5-16　为插入的几何体重命名

　　对机身几何体点击右键,选择定义为工作对象。此时,机身文字下方出现白色下画线,表示定义工作对象完成,此后的建模操作将保存在此几何体内,如图 5-17 所示。

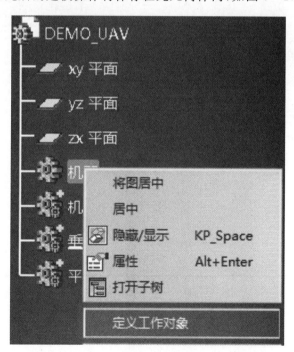

图 5-17　定义工作对象

　　单击右边工具栏中的平面图标,以 yz 平面为参考,向 $-x$ 方向偏移 230mm;再以新得到的平面为参考,继续向 $-x$ 方向偏移 200mm;再重复以上操作 4 次,每次偏移均以前一次偏移得到的平面为参考,参数如图 5-18 所示。

图 5-18

平面新建完成后的效果如图 5-19 所示。

图 5-19

单击选择 zx 平面,然后点击右侧"草图"命令,进入草图工作台,如图 5-20、图 5-21 所示。

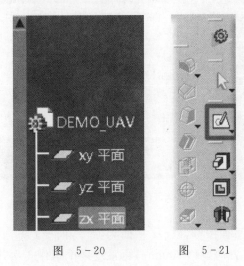

图 5-20　　　　图 5-21

如图 5-22 所示,建立草图,以此草图为机身在 zx 平面的上表面轮廓线。

图　5 - 22

退出草图,再次选择 zx 平面,再单击"草图"命令,进入草图工作台,按图 5 - 23 绘制机身下表面轮廓线。

图　5 - 23

退出草图,如图 5 - 24 所示就是机身的上、下轮廓线。

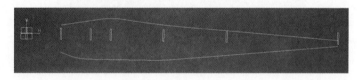

图　5 - 24

选择"平面 1",再点选"草图"进入草图工作台,建立草图如图 5 - 25 所示。由于机身为左右对称结构,因此,只需要线建立一半的机身,后期曲面生成之后再进行对称就可以了。此草图为机身横向轮廓。

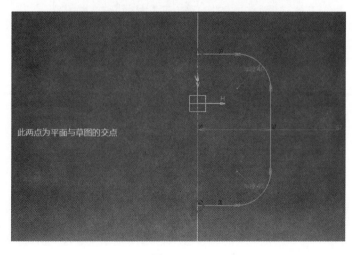

图　　5 - 25

选择"平面 2",再点选"草图"进入草图工作台,建立如图 5-26 所示的草图。

图　5-26

选择"平面 3",再点选"草图"进入草图工作台,建立如图 5-27 所示的草图。

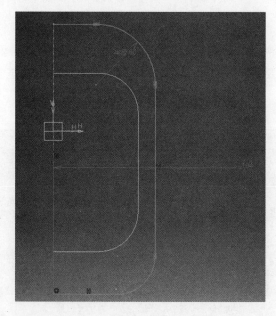

图　5-27

选择"平面 4",再点选"草图"进入草图工作台,建立如图 5-28 所示的草图。

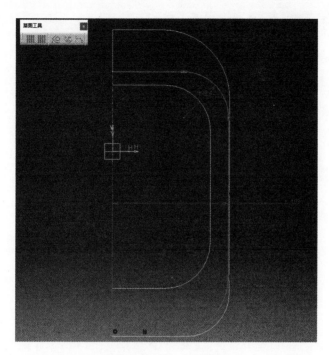

图　5-28

选择"平面5",再点选"草图"进入草图工作台,建立如图5-29所示的草图。

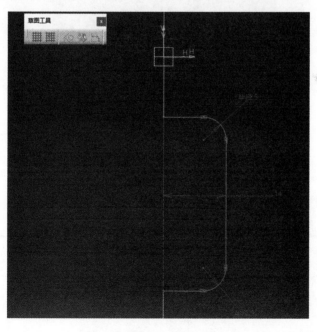

图　5-29

　　到此,机身草图建立完毕,由于需要先完成机身表面曲面的制作,因此完成机身的线框草图之后需要切换到"创成式外形设计"工作台。当然,也可以直接在"零件设计"工作台完成外形的制作(见图5-30)。

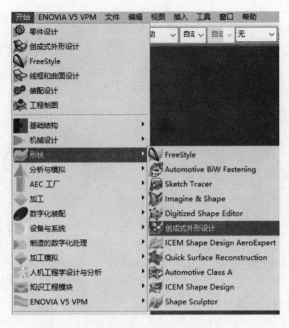

图 5-30

草图完成之后的效果如图 5-31 所示,选择右侧工具栏中的"多截面曲面"命令。

图 5-31

选择之前绘制的 5 条横向轮廓为界面,纵向上、下两条轮廓线为引导线(见图 5-32)。

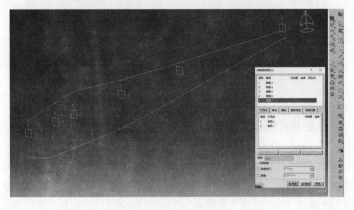

图 5-32

点击"确定"生成机身曲面(见图 5 - 33)。

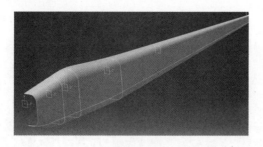

图   5 - 33

隐藏草图与草图平面,然后点击右侧工具栏中的"对称"按钮,"元素"选择刚刚生成的多截面曲面,"参考"选择 zx 平面,点击"确定"。这样机身的外形就大致完成了(见图 5 - 34、图 5 - 35)。

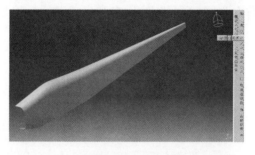

图   5 - 34

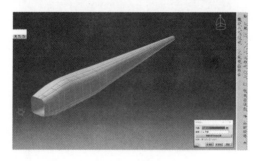

图   5 - 35

机身侧视图如图 5 - 36 所示。

图 5 - 36   机身侧视图

完成机身的绘制之后,进行机翼的绘制。按照设计的要求在翼型软件中选择所需要的翼型,保存为 dxf 格式(见图 5-37)。

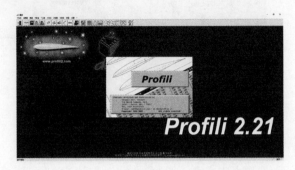

图 5-37

在菜单栏中单击"文件",选择"打开",然后在弹出的对话框中选择需要的翼型文件"sd-7032"(见图 5-38、图 5-39)。

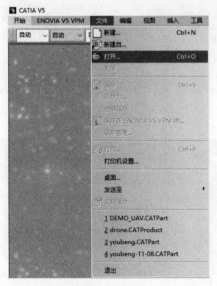

图 5-38

图 5-39

打开翼型文件之后框选图形,在图形上点击右键,选择"复制"选项(见图 5-40)。

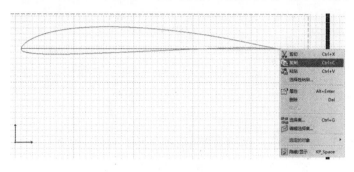

图　5-40

切换到之前的创成式外形设计工作台,选择 zy 平面,进入草图设计工作台,右键选择"粘贴"选项,将前面选择的翼型粘贴到草图当中。此时显示的线条实际上是多段线,选择用"样条线" 重新描一遍,在描曲率比较大的翼型前缘需要适量加密控制点,以保证翼型的准确性。样条曲线描完之后,需要将原图形删除。然后,可以在翼型后缘添加一条水平构造线,然后将样条曲线和构造线固连,此操作的目的是为翼型添加一个角度约束,以防后期在移动翼型时造成翼型角度的变化(见图 5-41 至图 5-44)。

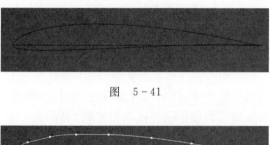

图　5-41

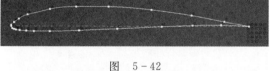

图　5-42

图　5-43

图　5-44

为翼型添加如图 5 – 45 所示的约束。

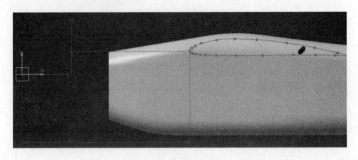

图　5 – 45

上面步骤建立的是翼根处的翼型,接下来需要绘制的是翼尖处的翼型。先建立如图 5 – 46 所示的平面,以作翼尖的草图平面。

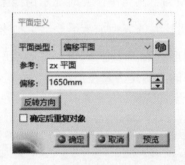

图　5 – 46

将翼根处的翼型投影到草图平面,然后对投影线进行缩放,缩放比例如图 5 – 47 所示。再将新得到的翼型进行约束。最后将投影线转换为构造线(见图 5 – 48 至图 5 – 50)。

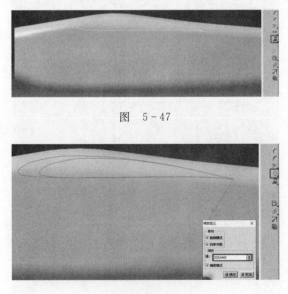

图　5 – 47

图　5 – 48

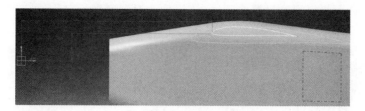

图　5-49

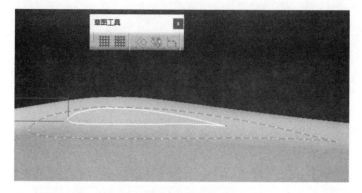

图　5-50

选择翼根和翼尖翼型,使用"多截面曲面"命令生成曲面(见图 5-51、图 5-52)。

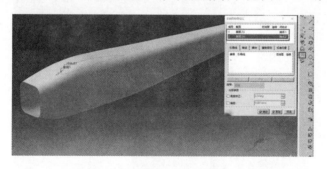

图　5-51

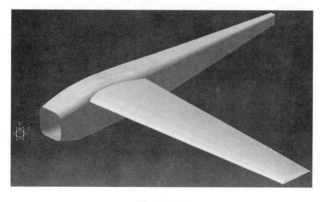

图　5-52

使用"对称"命令将得到的机翼曲面以 zx 平面为对称面进行对称(见图 5-53)。

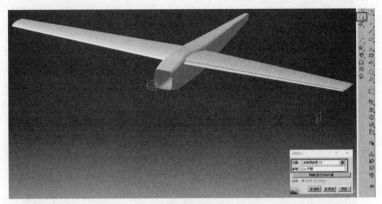

图 5-53

接下来继续绘制垂尾,选择 xy 平面,以此平面向 $-z$ 方向偏移 75mm 建立新平面。新建平面将作为垂尾翼根草图平面(见图 5-54)。

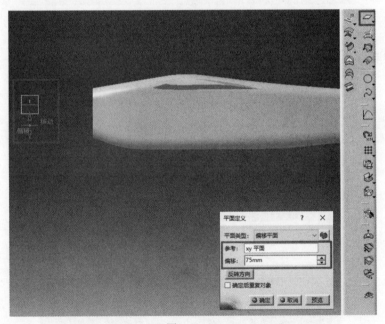

图 5-54

按照绘制机翼的方法,先打开垂尾翼型文件,然后将文件中的草图复制到上一步生成的草图平面中。同样,将翼型轮廓再描一遍得到光滑的样条曲线。在此处,由于垂尾翼型采用的是对称翼型,可以只绘制一般的翼型,在后期生成曲面后再进行对称,一样可以得到完整的垂尾曲面。得到样条曲线后对其安装如图 5-55 至图 5-57 所示。

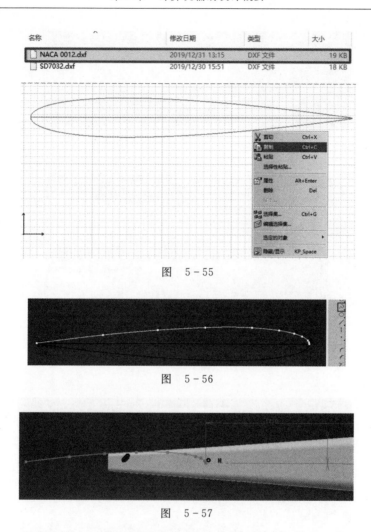

图　5－55

图　5－56

图　5－57

　　绘制完翼根翼型后,接下来绘制翼尖翼型。选择翼根所在平面向＋z 方向偏移 410mm 得到翼尖草图平面。选择新得到的平面,今天草图,同机翼绘制步骤,投影翼根翼型,按下图比例进行缩放、约束,最后将投影线转换为构造线(见图 5－58 至图 5－61)。

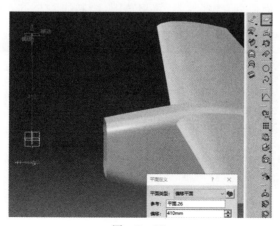

图　5－58

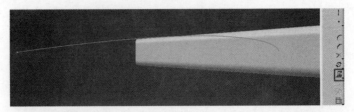

图 5-59

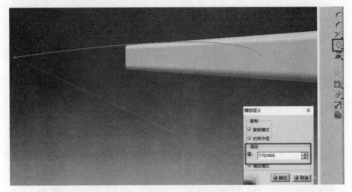

图 5-60

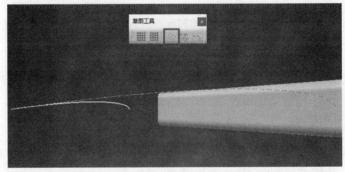

图 5-61

同样采用多截面曲面命令,选择翼尖、翼根草图,绘制如图 5-62 所示曲面。

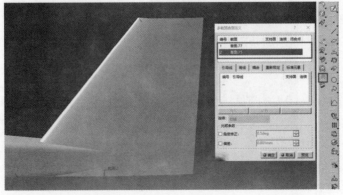

图 5-62

选择 xz 平面,进入草图工作台,绘制如图 5-63、图 5-64 所示草图。

图　5-63

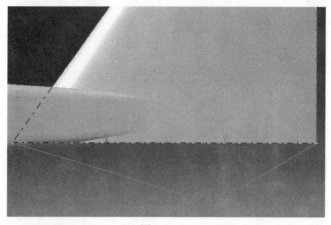

图　5-64

对得到的草图进行如图 5-65 所示拉伸。接下来进入自由曲面工作台,使用"桥接曲面"命令,选择垂尾翼根处曲面边线与新得到的曲面边线进行桥接。在交接时可以通过如图所示箭头调节曲面张度(见图 5-66、图 5-67)。

图　5-65

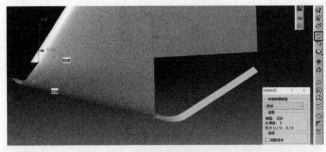

图 5-66

图 5-67

两次曲面桥接之后得到如图 5-67 所示曲面,在图中,可以看到还有一块空缺,针对空缺使用"填充"命令,选择空缺四周边线进行填充。填充效果如图 5-68 所示。

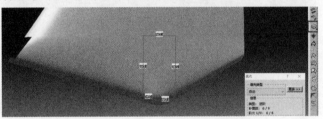

图 5-68

将前面得到的拉伸曲面隐藏,然后使用"修复"命令把垂尾表面与刚生成的桥接曲面与填充曲面修复接合(见图 5-69)。

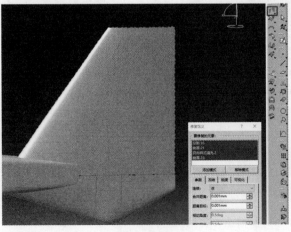

图 5-69

由于前面只绘制了垂尾曲面的一半，所以，接下来需要使用"对称"命令将上一步修复的曲面进行对称得到完整的垂尾外表面（见图 5 - 70）。

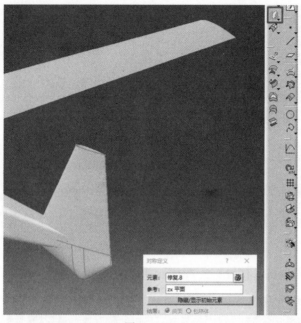

图　5 - 70

完成平尾绘制后，接下来进行平尾的绘制。选择 xz 平面，进入草图工作台，同绘制机翼的步骤，绘制出平尾翼型，翼型的前缘与垂尾的上前缘顶点对齐即可（见图 5 - 71、图 5 - 72）。

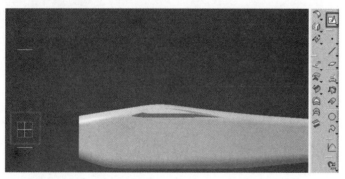

图　5 - 71

图　5 - 72

上一步骤绘制的是平尾翼根处的翼型，接下来绘制翼尖处的翼型。首先如图向－y方向偏移xz平面500mm得到翼尖处的草图平面，再选择新建平面进入草图工作台（见图5-73）。

图 5-73

投影翼根处翼型，然后选择投影线进行0.5比例的缩放（见图5-74、图5-75）。

图 5-74

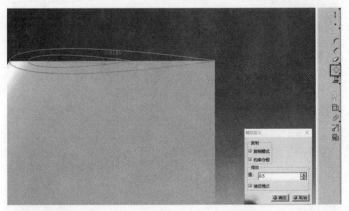

图 5-75

缩放完成后进行图5-76所示尺寸约束。

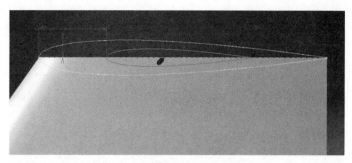

图　5-76

退出草图,再次进行多截面曲面操作,选择翼根与翼尖处翼型生成多截面曲面(见图5-77)。

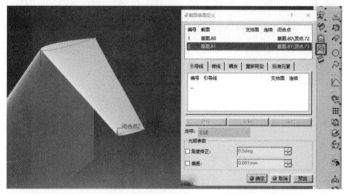

图　5-77

最后对生成的新曲面沿 xz 平面对称,这样平尾外形曲面就绘制完成了(见图5-78)。

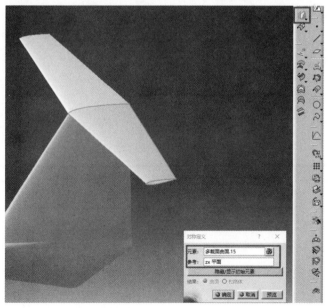

图 5-78　平尾设计

以上所有的步骤只是完成了无人机的一个外形设计,离真正的产品设计还有很大的距离。完成初步的设计之后,还需要进行气动仿真,根据仿真结果再进行修改,反复迭代之后才能最终确定气动外形。在完成外形设计之后,再进行无人机内外部的零件设计(见图 5-79)。

图 5-79 完成外形设计

绘制完成后可以对产品进行一个渲染操作,按照喜欢的样式或是设计要求进行涂装的设计(见图 5-80)。

图 5-80 涂装设计

第6章　垂直起降固定翼无人机装配与通电检查

6.1　无人机系统组成

NPU－GC01复合翼无人机由飞行器系统、地面保障系统、通信链路系统和载荷系统四部分组成(见图6－1)。

基础配件：油箱、舵机等
飞控及地面站
功能设备
无人机机体
动力系统

图6－1　无人机装备组成

飞行器系统：这些设备组合在一起完成飞行功能,其中包含飞机平台、飞控系统、动力设备和电气设备等,缺少一种飞机都飞不起来。

地面保障系统：包含地面站、发射回收、维修保障设备、储存运输随机工具资料等。它们的特点是直接与使用者接触,完成人机交互,并作为工具来保障其他系统正常使用。

通信链路系统：用于天地通信的无线电设备,它们的共同特征是每种设备都包含发射和接收功能,通过无线电信号在天地之间传递信息,并且它们相互之间要考虑无线电干扰和兼容性。典型的通信链路设备包括数传链路、图传链路、卫星通信和遥控器等。

载荷系统：无人机上实现作业和获取信息的终端设备,主要有云台、吊舱系统、各种摄像机、喷头和药箱等。对于有特定工业用途的无人机来说,载荷是必需的,甚至一架飞机可兼容换装多种载荷。

图6－2为无人机的主要系统。

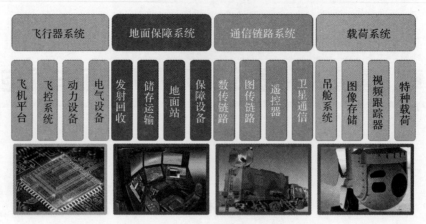

图 6-2　无人机的主要系统

6.2　无人机安装

6.2.1　飞机安装

NPU-GC01复合翼无人机各部分名称如图 6-3 至图 6-6 所示。

机身俯视图如图 6-3 所示。

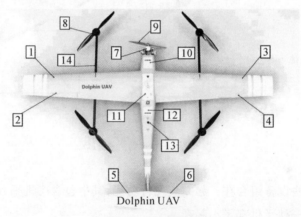

图 6-3　机身侧视图

1—左机翼；2—左副翼；3—右机翼；4—右副翼；5—水平尾翼；6—升降舵；7—发动机；8—垂直起降旋翼及电机；9—螺旋桨；
10—电池舱盖；16—油箱及任务舱盖；12—设备舱盖；13—GPS 天线；14—垂直起降臂

机身侧视图如图 6-4 所示。

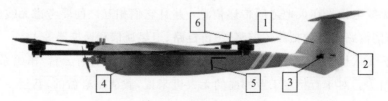

图 6-4　机身侧视图

1—垂直尾翼；2—方向舵；3—方向舵舵机；4—机身；5—COMM 遥控器接收机天线；6—REC 数据传输天线

机身仰视图如图 6-5 所示。

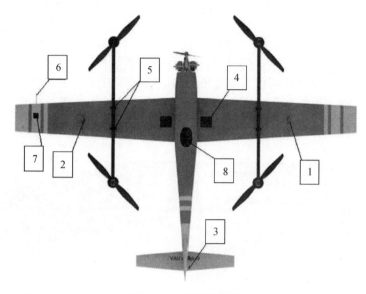

图 6-5　机身仰视图

1—左副翼舵机安装舱盖及连杆；2—右副翼舵机安装舱盖及连杆；3—升降舵舵机；
4—左垂直；5—起降电机电调舱盖（右侧相同）；6—左升降臂固定结构件（右侧相同）；
6—空速管；7—空速管舱盖；8—任务舱开孔

机身内部如图 6-6 所示。

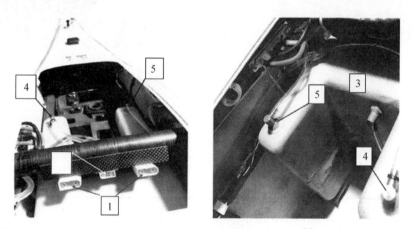

图 6-6　机身内部

1—主电池接口；2—设备电池接口；3—油箱；4—加油嘴；5—油箱通气孔

6.2.2　垂直起降臂的安装

（1）从安全运输箱内取出垂直起降臂和机翼，平放在平坦柔软的物体上，机翼的正面向下 ［见图 6-7(a)］。

（2）按照垂直起降臂和机翼上标明的左右顺序和安装方向，将垂直起降臂中间的电器连接插口插入机翼上的插口中,并确认连接正确[见图 6-7(b)]。

(3)用四颗 M4×12 的内六角螺丝,分别将垂直起降臂上前后两组固定件和机翼上的固定件拧紧固定[见图 6-7(c)]。

注意:

1)机翼须平放在柔软的物体上,下方切勿有硬物硌伤机翼!

2)电器连接插口必须接插到位不得有松动和翘起!

3)四颗 M4×12 的内六角螺丝的拧紧顺序是先拧紧上下 2 个靠近机翼内测的螺丝,使上下 2 块固定件贴合并拧紧,再拧紧外侧的螺丝,拧紧后外侧固定件之间应有 2~3mm 的缝隙是正常的!

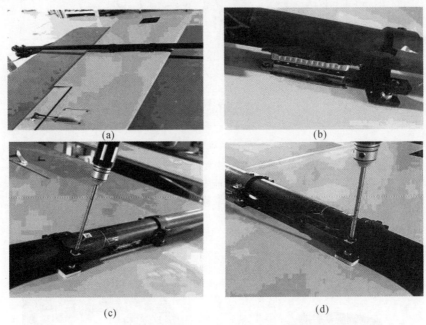

图 6-7 无人机机臂安装方法示例图

6.2.3 机翼的安装

(1)将翼梁碳管穿入机身上的安装孔内,把安装好垂直起降臂的左右机翼分别插入碳管[见图 6-8(a)]。

(2)左侧机翼插到机身连接处时,先不要急于插入,应先留有 10mm 左右的缝隙,两手扶住机翼的前后缘,使机翼翼型与机身突出的翼型对正,同时将机身上的电器插口与机翼端头上的电器插口对准,然后将机翼全部插入[见图 6-8(b)]。

(3)右侧机翼的安装基本与左侧相同,只是右侧机翼安装有空速管,因此在将机翼插入碳管快到机身时先预留 100mm 左右的间隙,先将空速管插头插入机身插口[见图 6-8(c)],接下来的安装和左侧相同。安装完成后,拉出空速管。

注意:接插空速管插头时切记检查机翼全部插入后空速管是否会有打折情况!

(4)机翼插好后,用 M6×30 的内六角螺丝,从机身内侧的机翼固定孔将机翼拧紧固定[见图 6-8(d)]。

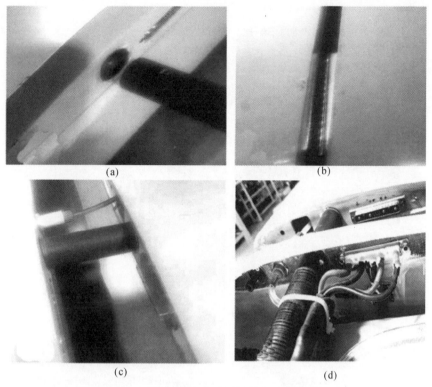

图 6-8　无人机机翼安装方法示例图

6.2.4　水平尾翼的安装

将水平尾翼上的电器插口对准垂直尾翼上的电器插口压入水平尾翼,并确认接插到位稳固,再将水平尾翼上的二颗 M5×50 的内六角螺丝固定[见图 6-9]。

图 6-9　无人机平尾安装方法示例图

注意:安装水平尾翼的螺丝必须垫上配套的大平垫片!

6.2.5　电器接口

NPU-GC01 复合翼无人机共有 5 对外部电气接口和一个空速管接口,3 个内部电池接口

（见图 6 - 10）。

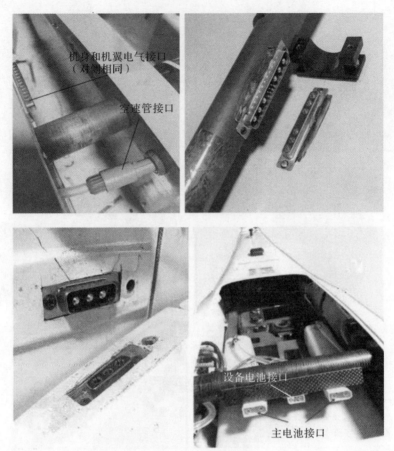

图 6 - 10　电器接口图

6.3　无人机动力系统配置与使用方法

6.3.1　燃油发动机

NPU - GC01 复合翼无人机使用的是 60CC 排量的燃油二冲程电喷发动机。

（1）燃油的制备。使用 92 号或 92 号以上的无铅汽油,汽油不得掺有酒精等任何汽油添加剂。机油必须使用二冲程发动机全合成专用机油（建议使用二冲程摩托车赛车用高级机油）,使用专用配比油桶,按照汽油和机油 40:1 的比例配制,配制好的燃油必须充分搅拌均匀,使机油和汽油充分混合。

（2）用合适的平口螺丝刀,将任务舱盖上的两颗固定螺丝旋转 90°,打开舱盖,取出加油管,松开加油管夹,使用手摇或电动的专用加油泵,将配制好的燃油抽进无人机的油箱内。

（3）加油时随时观察加入的油量,Wr - 25z 型无人机使用的是 8L 油箱,加油不易过满,加油量应视飞行的任务时间、航程而定。

（4）加油完毕,拔出加油嘴,夹上油管夹将加油管放置机身内。

禁止:在配制燃油时场地 $50m^2$ 内使用明火及吸烟!

禁止:汽油及配制好的燃油,应存放在远离火源、热源,通风干燥处。禁止在阳光下暴晒!

禁止:汽油在油桶内存放一定时间后,桶内会产生一定的压力,在打开油桶盖时,应慢慢打开,先打开少许将桶内压力泄掉后再完全打开桶盖!

图 6-11 为无人机油箱位置及注油示意图。

图 6-11　无人机油箱位置及注油示意图

6.3.2　锂电池配置方案

NPU-GC01 复合翼无人机采用的是聚合物锂电池给机载设备供电。其电源分布如下:

(1)垂直起降动力系统动力电池:2 块容量为 10 000mA·h,6S,放电倍率 25C,标准电压 22.2V 的电池。电池的插头是带有灭弧装置的 XT90 母插头供电(见表 6-1)。

表 6-1　垂直起降动力系统动力电池参数表

电池样式	名称	参数
	电芯	锂聚合物动力点心
	电芯组合方式	6S1P
	容量	10 000mA·h
	电压	22.2V
	持续放电倍率	25C
	峰值放电倍率	50C
	持续放电电流	250A
	峰值放电电流	500A
	尺寸	175mm×68mm×58mm

(2)无人机的机载设备和电启动供电电池:使用容量为 10 000mA·h,3S,放电倍率 25C,标准电压 16.1V 的电池。采用 XT60 插头供电(见表 6-2)。

表 6–2　机载设备和电启动供电电池参数表

电池样式	名称	参数
	电芯	锂聚合物动力点心
	电芯组合方式	3S1P
	容量	10 000mA·h
	电压	16.1V
	持续放电倍率	25C
	峰值放电倍率	50C
	持续放电电流	250A
	峰值放电电流	500A
	尺寸	165mm×65mm×32.5mm

（3）地面站电台及其他用电器供电电池：使用容量为 4 000mA·h，3S，放电倍率 25C，标准电压 16.1V 的电池，采用 T 形插头供电（见表 6–3）。

表 6–3　地面站电台及其他用电器供电电池参数表

电池样式	名称	参数
	电芯	锂聚合物动力点心
	电芯组合方式	3S1P
	容量	4 000mAH
	电压	16.1V
	持续放电倍率	25C
	峰值放电倍率	50C
	持续放电电流	82.5A
	峰值放电电流	170A
	尺寸	138mm×42mm×24mm

6.3.3　锂电池检查方案

（1）电池是指 2 块容量为 10 000mA·h 6S，1 块 4 000mA·h，3S 和一块容为 10 000mA·h，3S 的电池。

（2）电池平时存放在专用的电池安全箱内，使用时从安全箱内取出电池，检查电池外观是否完好，是否鼓胀。

注意:如发现电池外观保护层破损、电池有严重鼓胀情况,则不能继续使用!

(3)用电池检测器检测每块电池的电压是否达到额定值,如电压没有达到使用要求,应对电池充电至达到所需的电压,才可安装使用。

提示:6S 的动力电池充满电电压为 24.5V,3S 的电池充满电电压为 12.2V。

注意:聚合物锂电池在使用不当或受到外力冲击时,会发生爆燃的情况,因此无论是在室内或起飞现场充电时,旁边应备有小型干粉灭火器。

6.3.4　电池安装

用平口螺丝刀将电池舱盖打开,取下舱盖。先将检查好满足使用要求的 2 块动力电池分左右两边放入电池舱,电池引出线向上、向后放置。再将 1 块设备电池放在 2 块动力电池的中间,电池引出线向上、向后放置。用魔术轧带将 3 块电池固定(见图 6-12)

图 6-12　电池安装位置示意图

提示:安装好电池后,在电池的后部用稍硬的泡沫,切成合适的长方块,顶住电池,将电池前后固定,防止电池前后移动。

注意:电池安装好后先不要接上插头给飞机通电!

6.3.5　发动机检查

NPU-GC01 复合翼无人机使用的是带有电启动装置的 $60cm^3$ 二冲程燃油电喷发动机,起飞前检查项目:

(1)喷油嘴油管是否连接牢固。如有松动,应重新安装牢固。

(2)火花塞帽是否插紧。如松动须插紧。

(3)空气滤清器是否松动。如松动须拧紧。

(4)螺旋桨及奖罩是否紧固。如松动须上紧。

(5)螺旋桨是否有破损、开裂。如有破损、开裂须更换。

图 6-13 为电池安装位置示意图。

注意:(1)无人机在出厂时,发动机的螺旋桨已经安装,不需要用户自己安装(螺旋桨损坏须更换的除外)!

(2)四颗螺旋桨固定螺丝须使用出厂原配的螺丝,如有损坏需更换的,请先与厂家联系确定更换的规格。用户不得擅自更换,以免造成发动机损坏。

提示:螺旋桨更换方法:①拆下桨罩前端中心的螺丝取下桨罩。②拆下四颗螺旋桨固定螺丝,取下螺旋桨。③换上新的螺旋桨,安装顺序与拆下螺旋桨顺序相反。

图 6 - 13　电池安装位置示意图

6.3.6　垂直起降动力系统检查

垂直起降动力系统主要为四旋翼结构组成的垂起系统,检查的主要项目有以下几方面。

(1)检查四个电机表面有无磕碰变形。

(2)仔细观察电机内部线圈有无灰尘杂质及破损。如有灰尘杂质可用软毛刷轻轻清扫,如发现线圈表面有破损,则须返厂更换电机。

(3)用手拨动桨叶旋转电机,检查四个电机旋转是否顺畅。如有卡顿现象,且电机外观有磕碰,则说明电机外转子已变形,电机已损坏需返厂更换电机。

(4)仔细检查四片桨叶,尤其是桨叶的尖部是否有破损、开裂。如有破损、开裂,则不能继续使用,需更换相同规格型号的桨叶。

垂直起降动力系统桨叶的更换方法如下:

(1)首先拆下桨叶中心的 M6 内六角锁紧螺丝。

注意:该螺丝在顺时针(正转)旋转的电机上使用的是反牙螺丝(电机的外转子上,标有正反转标记),拆卸时顺时针方向是拧松(上紧时相反)。

(2)拆下锁紧螺丝后再拆下四颗定位螺丝,取下损坏的桨叶。

(3)装上新的桨叶,按照拆下桨叶的相反顺序装回拧紧定位螺丝和锁紧螺丝。

注意:在安装四颗定位螺丝时,可在螺丝的螺纹头上蘸少量中硬度的螺纹胶,螺丝如有损坏,必须更换相同规格型号的螺丝。

6.4　无人机通电检查

6.4.1　设备通电检查

无人机应在飞行任务执行前,针对任务要求规划好各项飞行参数和航线。起飞前检查完成后,首先打开计算机,给地面站通电,给飞机设备上电,用 RC 遥控器手动检查飞机各舵面状态进行检查。RC 遥控器切换至自动状态,在地面站界面打开飞行检查界面。

对各舵面状态进行检查的主要目的如下：

(1)检查各舵面工况是否与设置一致。如不一致,需按照详见《无人机 RC 遥控器、飞行控制及导航系统操作教程》进行调整。

(2)检查各舵机转动是否流畅,如某一个舵机转动不流畅,有卡涩现象时,该舵机必须更换。

6.4.2　四旋翼动力系统通电

打开 RC 遥控器,切换至多旋翼模式,油门推杆拉到 0 位,接通动力电源,稍等听到嘀嘀的蜂鸣声,说明旋翼连接正常,如没出现蜂鸣声,应断开主电源,数秒后从新接通电源。稍推油门,检查各电机的旋转方向是否正确,转动顺畅。RC 遥控器切换至自动状态,通过地面站检验多旋翼工作状况。

6.4.3　控制系统检查

详见第 5 章：飞行控制及导航系统。

6.4.4　发动机启动预热步骤

(1)RC 遥控器切换至固定翼模式,发动机启动开关放置关闭位置。

(2)接通发动机点启动装置的电源。

(3)拨动 RC 遥控器上的发动机启动开关,启动发动机。

(4)发动机低速运转预热约 1min 后,可将油门推杆按低、中、高、最大行程顺序反复推拉几次,使发动机充分运转进入正常工况。

(5)发动机预热完毕,拨动熄火开关,使发动机熄火。

注意:发动机预热时应注意防火等安全操作注意事项。

第7章 飞行控制及导航系统

7.1 无人机飞控系统介绍

7.1.1 飞控系统简介

S40 是专门为复合式无人机(垂直起降固定翼)设计的飞行控制及导航系统,适用于各种常规布局固定翼+四旋翼构型的飞行器,其内部集成飞行控制计算机和微组合导航系统(GPS/INS),可以实现一键自动起飞、降落、悬停、盘旋、返航、定高、开伞以及多种形式的按预定航线自主巡航功能。此外,S40/S50 提供全面的飞行状态监视报警功能和完善的应急保护机制,确保系统安全运行。

7.1.2 适用范围

固定翼+四旋翼构型的复合式无人机,其中固定翼支持常规尾翼、V 尾和飞翼,四旋翼支持 X 形布局。

7.1.3 系统特性

1.传感器配置构成

(1)集成微型 GPS/MINS 组合导航系统,提供完整的三维位置、三轴姿态、三轴速度和三轴加速度等导航信息。

(2)S50 内部集成三余度惯性器件,主余度为 ADI 高品质陀螺和加速度计,并可以根据工作状态实时切换备用余度,具有高测量精度和高可靠性双重优势。

(3)支持外置差分 GPS,与内部单点定位 GPS 模块互为冗余,系统自动选择使用定位状态较好的 GPS 数据。

(4)支持外置罗盘,便于用户选择磁干扰较小的区域安装,提高航向测量精度。

(5)集成气压式高度计,分辨率 0.1m,范围−500～10 000m。

(6)集成差压式空速计,分辨率 1m/s,范围 0～100m/s。

(7)2 路脉宽式发动机转速测量,分辨率 1r/min。

(8)专用电压电流测量模块,电压范围为 0～52V,电流 0～200A。

2.飞行控制

(1)支持固定翼、多旋翼和复合式(垂直起降无人机)3 种布局飞机。

(2)复合式无人机控制时,可以 RC 遥控切换飞行模态,也可以自动切换。

（3）飞行控制模式分为手动（通过 RC 遥控器遥控）、半自主（通过 RC 遥控器进行姿态遥控、油门杆量遥控）、全自主（按预定航线飞行）。

（4）支持副翼、升降舵、方向舵、油门、开伞和快门等舵机控制，刷新频率为 50 Hz。

（5）支持四旋翼等常规布局多旋翼无人机动力电机控制，刷新频率为 200 Hz。

（6）实现一键起飞、降落、悬停、盘旋、定高和开伞等功能，方便用户使用。

（7）固定翼转弯时，升降舵前馈补偿，避免飞行高度下滑。

（8）多旋翼悬停时，自动保持机头方向（也可遥控改变航向角），航线飞行时，机头自动与航线方向保持一致。

（9）完善的飞行状态监控和飞行自动保护功能。

（10）支持油机起飞后自动点火。

3. 任务导航

（1）提供 8 条用户航线，每条航线可添加 800 个航点。

（2）可选择起飞完成后自动切换任务航线。

（3）自动生成盘旋航线，盘旋点、盘旋半径、盘旋圈数可设置。

（4）自动生成返航航线，也可以用户编制返航航线，用户航线完毕后自动返航。

（5）航段的经度、纬度、高度、速度和任务均可以编制。

（6）航段的高度控制可选择正常、坡度、先盘旋升降和到点盘旋升降等方式。

（7）到达航线航点后，可以设置自动切换到盘旋、返航或降落。

（8）提供到达航路点的开伞和相机快门控制。

（9）提供航段中的定间距拍照任务。

4. 地面站软件

（1）支持带误差补偿的多源在线电子地图，同时支持 MAPX、背景图片。

（2）完整、实用的飞行前检查流程提示。

（3）非规则多测区自动测绘航线规划功能。

（4）清晰、直观的飞行仪表。

（5）关键指令的便捷操作和防误操作。

（6）集成控制参数调整、传感器校准、保护配置等功能。

（7）遥测数据的显示、报警、记录及回放，记录文件格式与 Office 兼容。

（8）通过地面站软件可进行多旋翼无人机水平位置、高度、航向微调等操作，实现脱离 RC 遥控器的多旋翼遥控。

（9）一键生成降落航线，飞机自动到上传位置点或当前位置点盘旋降高、直线返航、降低空速、到家降落。

7.2　飞控安装与接口简介

7.2.1　安装设计图

用户可以直接利用该安装孔固定 S40/S50，一般在该安装孔和机体之间要增加专用避震器，通过避震器与机体相连。安装方向为有对外接口端朝向机尾（见图 7-1）。

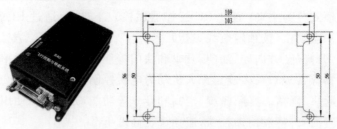

图 7-1 飞控安装设计示意图

注意:

(1)飞控应安放在机体内靠近重心、振动小和温度稳定的位置,而且要通过专用避震器来减震(尤其是油动无人机),否则传感器测量精度会降低,甚至发散,严重影响飞行安全!

(2)S40 安装时应考虑机上其他磁性元件(电机、大电流导线等)对地磁航向测量的影响,安装位置尽量远离,而且安装完毕后需要对地磁航向进行校准,保证与真实值接近;磁航向误差越大,水平位置控制精度越差;磁航向误差超过 30°,会影响飞行安全!

(3)S40 的安装位置应尽量保证飞行过程中气流相对稳定,气流紊乱会对内部气压高度测量产生影响,影响飞行安全!

7.2.2 飞控接线图

S40 飞控出厂时标配长度为 30mm 的常规电缆,可以与电调、舵机、接收机等接口兼容,便于用户快速安装使用。飞控的常规电缆接线示意图如图 7-2 所示。

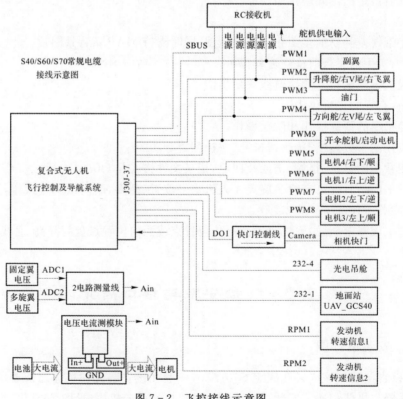

图 7-2 飞控接线示意图

7.3 航线和保护

S40/S50 提供的航线包括用户航线、回家（返航）航线、盘旋航线、起降航线以及应急降落点 5 种类型。其中用户航线由用户根据任务需求进行规划、编辑，可以进行任务载荷程控；其他航线为特殊航线，不能进行任务载荷程控。

7.3.1 飞控接线图

S40/S50 提供 8 条用户航线，每条航线可添加 800 个航点。用户航线一般具有 2 个属性：航线编号和航线循环。航线编号是航线的唯一识别标志，范围为用户航线 1～用户航线 8。如果某航线的航线循环设置有效，则到达最后一个航点后，会自动切换到第一个航点，循环飞行该航线。

用户航线中的各个航点一般具有下列属性：航点编号、经度、纬度、高度、速度、航点切换方式、高度控制方式、盘旋圈数、任务载荷控制和任务重复间距。用户可以在航线规划时对航点的各属性进行编辑。各属性的具体意义如下：

（1）航点编号：是该航点的唯一识别标志。

（2）经度、纬度、海拔高度：航点的三维坐标。注意：航线高度为海拔高度。

（3）速度：飞机从目前位置到该航点之间航段的目标飞行速度（空速）。注意：若置 0，则飞控自动执行出场设置的空速。

（4）航点切换方式：航线中的任何一个航点均可以设置切换方式为正常切换、盘旋航线、自主降落、定点悬停和回家航线。

正常切换：到达该航点后自动切换到该航线的下一个航点。

盘旋航线：到达该航点后自动切换到盘旋航线（以该航点为"盘旋中心"）。

自主降落：到达该航点后自动切换至降落模式（以该航点为"降落点"）。

定点悬停：到达该航点后自动切换为多旋翼模态并在该航点悬停。

回家航线：到达该航点后自动切换到回家（返航）航线。

（5）高度控制方式：飞机从目前位置到该航点之间航段的高度控制方式，包括正常控制、坡度控制、先盘旋升/降和到点盘旋升/降（见图 7-3）。

正常控制：飞机直接飞往目标航点，同时以最大升降速率到达目标高度。

坡度控制：飞机直接飞往目标航点，同时按照当前点和目标航点构成的斜线进行高度控制。

（6）盘旋圈数：若航点切换方式选择了盘旋航线，则"盘旋圈数"有效，飞机盘旋超过该圈数后，自动退出盘旋航线，切换下一航点。

（7）任务动作：S40/S50 提供 1 路任务载荷控制信号（DO1），可以控制拍照或吊舱开关机，两者复用该信号，默认是拍照。吊舱开关机是一次性操作，拍照动作则是重复性的，拍照还需要设置任务间距，实现航线飞行过程中的定间距拍照。注意：任务动作是到达该航点后执行。

（8）任务间距：两次拍照动作之间的距离间隔，该属性只对拍照动作有效，若任务距离为 0，则拍照动作只执行 1 次。

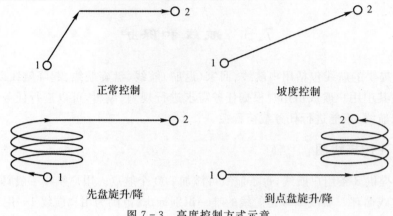

图 7-3　高度控制方式示意

7.3.2　盘旋航线

S40 自动生成盘旋航线。盘旋航线由盘旋中心和盘旋半径来定义,一般以切入盘旋航线的位置点为盘旋中心,进行"画圆"运动,直到退出盘旋航线。盘旋航线默认半径为150m,右盘旋。盘旋航线中任务保持原状态不自动动作。

注意:

(1)S40 从手动或半自主切换至全自主模式时,默认是盘旋航线;在手动或半自主模式下,自动将飞机当前位置更新为盘旋航线的盘旋中心和高度。

(2)S40 进入盘旋航线或回家(返航)航线后将不执行任务,任务通道保持原状态不动作。

(3)如果当前航线的数据不正常(航线数据上传或存储有误),则 S40/S50 自动切换到盘旋航线。

7.3.3　返航航线

S40 自动生成一条返航航线,返航航线只有一个航点,一般飞机在"地面段"的最后位置点(经度、纬度)就是"家"的位置,"家"的高度默认为地面海拔高度+相对高度下限值+20m,用户也可以通过航线规划重新设置返航航线。若飞机进入返航航线,则按当前点到"家"的直线飞行,到达"家"的位置时,默认切换到自主降落(复合式无人机)。

返航航线的属性如下:

◆航点编号:0;

◆经度、纬度:默认为飞机在"地面段"的最后位置点(经度、纬度);

◆海拔高度:默认为地面海拔高度+相对高度下限值+20m;

◆航点切换方式:自主降落;

◆高度控制方式:到点盘旋升降;

◆任务动作:无任务;

◆航线循环:不循环。

7.3.4　起降航线

起降航线主要用于纯固定翼飞机的自动滑跑起飞、降落。

对于复合式飞机来说,可以一键生成到指定点降高的降落航线,飞机自动到上传位置点盘旋降高(降低至"家"的高度,默认为地面海拔＋高度下限＋20m)、直线返航、降低空速、按距离提前切换多旋翼,到家垂直降落。为了保证降落效果,一般要求上传位置点和"家"的位置距离大于500m。降落过程如图7-4所示。

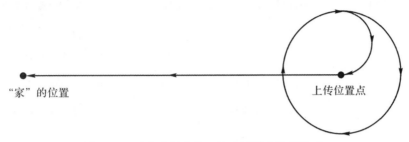

图 7-4　复合式无人机一键生成降落航线示意

注意:(1)可以一键生成到指定点降高的降落航线,飞机自动到上传位置点盘旋降高、直线返航、降低空速、按距离提前切换多旋翼,到"家"降落。为了保证降落效果,一般要求上传位置点和"家"的位置距离大于500m。

(2)可以一键生成原地降高的降落航线,飞机自动在当前位置点盘旋降高、直线返航、降低空速、按距离提前切换多旋翼,到家降落。为了保证降落效果,一般要求上传位置点和家的位置距离大于500m。

(3)复合式指定点降高并航线降落时,仅需右键双击盘旋点,然后"上传为降落航线",此操作时仅盘旋中心生效,其他控制由飞控自动完成,盘旋降高、直线返航、降低空速、按距离提前切换多旋翼,到家垂直降落。

(4)复合式原地降高并航线降落时,仅需右键双击盘旋点,然后"生成降落航线(原地降高)",此操作时仅盘旋中心生效,其他控制由飞控自动完成,盘旋降高、直线返航、降低空速、按距离提前切换多旋翼,到家垂直降落。

(5)固定翼模式不要操作主界面"降落"指令。

7.3.5　应急降落点

S40可以设置最多100个应急降落点,用于紧急情况下的自动降落。该功能适用于复合式或多旋翼无人机,不适用于纯固定翼。

应急降落点只需要设置经度、纬度、海拔高度即可。紧急情况下,S40/S50会根据用户的保护配置自动采取保护措施,并在设置的应急降落点和"家"的位置中选择距离最近的,用于紧急迫降点。

注意:应急降落点适用于复合式或多旋翼无人机。

7.3.6　应急保护

S40具有完善的应急保护机制,可对电压低、油量低、转速低、姿态异常、高度异常、GPS定位精度低、导航系统故障、超出安全围栏、超出控制半径、遥控失效等进行保护。具体保护内容及采取的保护措施见表7-1。

表 7 - 1 S40 无人机飞控保护内容及保护措施

保护内容	保护措施	说　明
主电池低于返航电压	返航	保护措施可选择有效或无效
主电池低于迫降电压	迫降(以固定翼方式飞往迫降点)	保护措施可选择有效或无效
油量低	返航	仅对油动飞机有效,保护措施可选择有效或无效
固定翼发动机转速低	双发停车则迫降;	仅对油动飞机有效,保护措施
	单发停车则返航;	可选择有效或无效
GPS 定位精度低	定高盘旋(保持角速率); GPS 定位恢复正常后,返航;	保护措施始终有效
姿态异常	迫降	保护措施始终有效
高度异常	迫降	保护措施始终有效
巡航阶段飞行高度低于高度下限值	迫降	保护措施始终有效
超出最大控制半径	返航	保护措施始终有效
超出航线安全围栏	迫降	保护措施始终有效
飞控硬件故障	返航	保护措施始终有效
遥控失效	切换至全自主控制模式	保护措施始终有效
导航系统故障	如果有伞,则开伞	保护措施始终有效
通信中断超时	返航	保护措施始终有效

注意:(1)S40 有三种工作状态:正常状态(控制模式绿色)、校准状态(控制模式蓝色)、保护状态(控制模式红色)。其中校准、保护均为非正常工作状态,需要提高警惕。

(2)校准模式时不保护;地面阶段不保护;手动/半自主模式下不保护。

(3)保护状态下,不能通过地面站软件 GCS40 进行航点切换。

(4)对于保护措施可选择有效或无效的保护内容,用户可以根据实际飞行情况选择是否采取保护措施。如果选择保护措施无效,则 S40 仍能对各保护内容的状态进行报警,但不采取保护措施。

提示:关于保护,举例如下:假设无人机飞行中主电池电压低于返航电压并保持一定时间,系统自动进入保护模式,并自动切换到返航航线;当系统电压又恢复正常时,则系统自动退出保护模式,但仍执行返航航线;如果用户想继续执行任务,而不是返航,则需要通过地面站软件 GCS40 进行航点切换才能恢复到正常的任务航线;如果系统电压始终不能恢复正常,处于保护模式,但用户又不想返航,仍继续执行任务,则此时无法进行航点切换,只有取消了电压低的保护配置,使系统退出保护模式后,才可以进行正常的航点切换。

7.4　飞行控制模式简介

7.4.1　控制模式

S40 无人机飞控支持手动、半自主和全自主等 3 种飞行控制模式。

手动:固定翼模态时,通过 RC 遥控器直接对飞机各舵面、油门杆量进行遥控;多旋翼模态时,和半自主模式一致,通过 RC 遥控器进行飞行姿态遥控、油门杆量遥控。

半自主:通过 RC 遥控器进行飞行姿态遥控、油门杆量遥控。

全自主:按预定航线飞行并执行规划的航线任务。

注意:S40 的手动/半自主/全自主模式切换是通过 RC 遥控器完成的,RC 遥控超距保护时则自动切换为全自主模式。

7.4.2　固定翼控制模态

S40/S50 的固定翼控制通道可分为纵向、航向、横向和速度通道。纵向和航向通道又分别包含内环和外环,内环完成姿态控制,更新频率为 25Hz,外环完成位置控制,更新频率为 10Hz;内外环均采用 PID 控制器。

7.4.3　多旋翼模态

S40/S50 的多旋翼控制通道可分为纵向、航向和横向。各控制通道又分为内环和外环,内环完成姿态控制,更新频率为 200Hz;外环完成位置/速度控制,更新频率为 25Hz;内外环均采用 PID 控制器。

7.4.4　任务载荷控制

S40 提供 1 路任务载荷控制信号(DO1),可以控制拍照或吊舱开关机,二者复用该信号。任务载荷通道既支持通过 GCS40 遥控,也支持自主执行航线规划任务。自主模式下,S40/S50 在按预定航线飞行时,航线中某航点规划的任务在到达该航点时执行并保持,直至到达下一个航点,然后执行下一个航点规划的任务。

第8章　地面站控制系统

8.1　地面站系统简介

GCS40 的主要功能有遥控遥测、飞行仪表、状态报警、数据记录、电子地图、航线规划、系统校准和参数配置等。GCS40 主界面如图 8-1 所示。

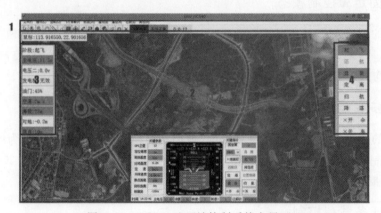

图 8-1　GCS40 地面站控制系统主界面

8.1.1　电子地图区

电子地图可选择 MapX 地图、图片地图或在线地图，默认在线地图。

（a）　　　　　　　　　　　　　　　　　（b）

图 8-2　电子地图操作界面

（a）地图选择界面；（b）地面站控制界面电子地图显示区域

电子地图区如图 8-2(b)所示。电子地图区内又可以分为 5 层，包括地图层、网格层、航线层、航迹层和飞机层。

地图层:可以选择 JPG/BMP/GIF 等格式图片为背景地图,并通过配准地图操作使图片坐标化,图片上的任何一个像素均对应唯一的经纬度坐标。地图可以放大、缩小和移动。地图层没有选择背景地图时为白色。

网格层:纵横网格线之间的距离均为 1 000m。当地图缩小,网格线太密集时会自动消失。网格线可以选择隐藏。网格线为灰色。

航线层:航线层可以进行航线规划和航线显示。航线为红色。

航迹层:显示飞机飞行的轨迹,航迹线太长时会自动清除。航迹线可以选择隐藏。航迹为蓝色。

飞机层:动态显示飞机的位置(经度、纬度)和机头方向。飞机图标随固定翼/多旋翼模态切换。

8.1.2 快捷工具栏

快捷工具栏从左至右依次定义为选择工具、放大地图、缩小地图、移动地图、距离测量、航线规划、显示网格、寻找飞机、清除航迹、显示航迹、本机数据记录、报警音、打开地图、配准地图和取消地图;最右侧是飞前检查、系统状态灯以及续航时间显示。具体功能见表 8-1。

表 8-1　GCS40 地面站快捷工具栏命令简介

图　标	名　称	功　能
	距离测量	选择该工具后,可以测量电子地图区内任两点(由鼠标点击)间的距离
	航线规划	选择该工具后,鼠标在电子地图区内双击左键,可以将该点添加到航线中
	显示网格	选择该工具后,电子地图区自动显示网格线,取消选择后,网格线隐藏。纵横网格线之间的距离均为 1 000m;此功能仅适用于图片地图模式
	寻找飞机	单击该按钮,飞机当前所在位置自动成为电子地图区的中心,在飞机飞出界面显示范围之外时,能及时找到飞机
	清除航迹	当电子地图区内的航迹显示得较零乱时,可以点击该按钮全部清除
	显示航迹	选择该工具,电子地图区自动显示航迹线,取消选择,航迹线隐藏
	本机数据记录	选择该工具后,GCS40 会自动在安装目录下的 Record 文件夹内生成记录文件,S40 所有的遥测信息均会被记录在该文件内;开始记录后按钮变绿色,飞机起飞后 GCS40 会自动启动本机数据记录

续表

图 标	名 称	功 能
	报警音	选择该工具后,若 S40 的遥测信息内有异常状态,则 GCS40 会持续鸣响报警音,直到异常状态消失,取消选择后,即使 S40 的遥测信息内有异常状态,GCS40 也不会鸣响报警音
	打开地图	在不同的区域飞行时,用户可以选择不同的图片或离线地图
	配置地图	在图片地图模式下,新加入的图片需要经过配准才能成为有效的背景地图,输入图片左上角和右下角的经、纬度坐标,GCS40 就可以为该图片建立平面坐标系统
×	取消地图	如果用户没有合适的飞行区域地图,可以取消背景地图,此时电子地图区背景为白色。此功能仅适用于图片地图模式
飞前检查	飞前检查	单击进入飞前检查流程界面;红色表示飞前检查未完成,绿色表示飞前检查已完成;当飞前检查未完成时,"起飞"指令无法发出
系统报警	系统报警	单击进入完整遥测界面;红色表示系统状态不正常,有报警,绿色表示系统状态正常;当系统报警时,"起飞"指令无法发出
0:0:0	续航时间统计	起飞后自动累加计时,地面段则不累加,从地面段切换至"起飞"后,续航时间清零

8.1.3 关键参数区

地面站关键参数区的主要功能和具体定义如下:

全球定位系统(Global Positioning System,GPS)卫星:框内显示搜索到的 GPS 卫星数目,单位为颗。

定位精度:GPS 定位精度。如果定位精度低,该控件变为红色,定位正常时,该控件为绿色。

海拔高度:由 GPS 高度和气压高度融合得到。海平面以下的高度为负值。高度具有状态报警功能,高度过高或过低时,该控件变为红色,正常时变为绿色。

对地高度:飞机相对地面的高度。

升降速度:天向速度,向上为正,向下为负。如果升降速度负值过大,则该控件变为红色,正常时变为绿色。

目标距离:固定翼模态时,飞机距当前目标航点的距离。

原点距离:飞机至"家"的距离。"家"的位置默认为从手动切换到自主模式的位置点,也可以通过 GCS40 设置(编辑"回家航线")。原点距离还具有状态报警功能,当原点距离超过其门限值时,该控件变为红色,正常时变为绿色。

侧偏距:固定翼模态时,飞机位置距当前航段的垂直距离,飞机在航线左侧为正,右侧为负。

纵向距离:多旋翼模态时,飞机距当前目标航点的距离在机体纵轴上的分量,目标点在前为正。

横向距离:多旋翼模态时,飞机距当前目标航点的距离在机体横轴上的分量,目标点在右为正。

GPS 时间:北京时间。

主电压:S40 提供 2 路模拟量通道,可以选择 2 路电压或 1 路电压＋1 路电流,当监控 2 路电压时,多旋翼模态显示 ADC2 通道,固定翼模态显示 ADC1 通道;电压值正常时,该控件为绿色,当电压低于其门限值时,该控件变为红色。

油量:针对油动发动机,S40 可以进行剩余油量估算;油量正常时,该控件为绿色,当油量低于其门限值时,该控件变为红色。

电流:针对电动机,S40 可以通过外接专用电流测量模块进行电流监控;电流正常时,该控件为绿色,当电流低于其门限值时,该控件变为红色。

转速:针对油动发动机,S40 可以监控 2 路发动机转速,单位为 r/min(RPM)。转速正常时该控件为绿色,当转速低于其门限值时,该控件变为红色。

油门:针对电动机,S40 可以监控固定翼和多旋翼的油门。

解锁:显示遥控上锁/解锁状态,超出 RC 遥控器的遥控距离时,该控件淡化显示。

模式:显示当前控制模式,包括手动、半自主和全自主。S40 工作于保护状态时,该控件为红色;S40/S50 工作于校准状态时,该控件为蓝色;S40/S50 工作于正常状态时,该控件为绿色。

图 8-3 为固定翼模态关键参数区,图 8-4 为多旋翼模态关键参数区。

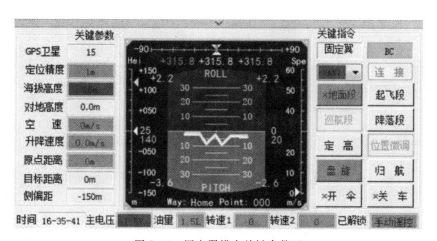

图 8-3　固定翼模态关键参数区

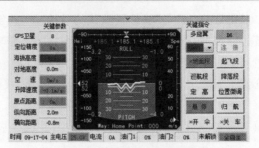

图 8-4　多旋翼模态关键参数区

8.1.4　飞行仪表区

飞行仪表区如图 8-5 所示,仪表上侧为航向显示区,左侧为高度显示区,右侧为速度显示区,下侧为航线显示区,中间为姿态显示区。航向和姿态的单位均为度。

在地面站仪表区界面中,当前值均显示为白色数值,目标值均显示为黄色数值。以航向显示区为例:航向显示区内左侧为当前航迹向,数值颜色为红色;显示区内中间为当前机头方向,数值颜色为白色;显示区内右侧为目标航向,数值颜色为黄色。

航线显示区内的 Way 表示当前航线,Point 表示当前航点。

姿态显示区内上侧 ROLL 表示当前滚转、PITCH 表示当前俯仰。

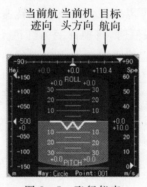

图 8-5　飞行仪表

8.1.5　关键指令区

关键指令区内"地面段/起飞段/巡航段/降落段""定高""位置微调""盘旋/悬停/归航""开伞""关车"等指令为双击有效,防止误操作。按钮变绿色的即为 S40/S50 的当前状态(见图 8-6)。

图 8-6　关键指令界面

飞机选择:S40/S50 系统支持多站多机,网络内可以同时存在 3 台地面站(GCS40)和 3 架飞机(S40/S50)。1 台地面站只能同时和 1 架飞机通信,通过飞机选择框选择当前要通信的飞机(飞机选择框的选项要与当前机载 S40/S50 的编号一致)。飞机选择完毕后,此后的操作指令只对该编号的飞机有效。该控件还有遥测链路状态显示的作用,当遥测信息丢帧时,该控件变为红色,遥测信息恢复正常时,该控件又恢复为绿色。GCS40 自动保存该飞机选择项。默认选择 UAV1。

遥测连接:当本机通信配置正常时,"连接"按钮才有效,倘若本机通信配置不正常,则"连接"按钮不可操作,请到"通讯"菜单对本机进行通信配置。当系统正常时,单击"连接"按钮,S40/S50 会定时向 GCS40 发送遥测数据包,此时"连接"变为"断开";再次点击,S40/S50 停止向 GCS40 发送遥测数据包,此时"断开"又变为"连接",遥测数据包的发送频率通过功能菜单栏里的遥测—帧频率—遥测帧频设置弹出界面来调整。

指令状态:当 S40/S50 能够正常响应 GCS40 发出的指令时,此指令状态变为绿色,否则变为红色。GCS40 在 3s 内收不到 S40/S50 回复的相应指令,则认为指令状态不正常,变为红色。

定高:在当前航段内保持当前高度飞行,直到切换新的航点。

位置微调:只对多旋翼模态有效,可以微调多旋翼的高度、水平位置和航向。双击后弹出如图 8-7 所示界面。通过中间区域的"▲"可以拖动飞机水平位置。

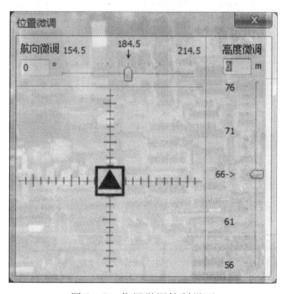

图 8-7　位置微调控制界面

盘旋:飞机将以当前位置为中心执行盘旋航线,盘旋半径为系统出厂设置值。

归航:飞机将执行回家(返航)航线。

地面段:飞机进入地面等待阶段,电机停转,油机怠速。该指令属于高风险指令!

起飞段:飞机将执行起飞指令,进入起飞段后,飞机自动切换至多旋翼并解锁。只有在全自主模式、GPS 定位正常、非校准状态和非保护状态下起飞指令才有效(见图 8-8)。

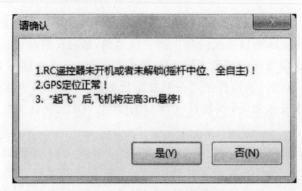

图 8-8　起飞指令确认

巡航段：飞机将垂直爬升至高度下限 10m 以上，到达高度后自动切换至巡航段。只有在全自主模式、GPS 定位正常、正在多旋翼悬停、非校准状态和非保护状态下巡航指令才有效（见图 8-9）。

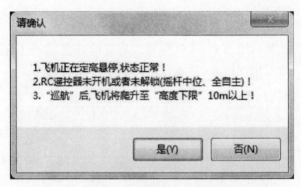

图 8-9　巡航指令确认

降落段：飞机将切换至多旋翼模态，进入降落流程。若目前在固定翼盘旋航线，则会飞行至盘旋中心降落，否则飞机会以接收指令时的位置为降落点。飞机进入降落段后，先保持当前高度，以多旋翼方式飞向目标点，到达目标点 3m 范围内后，开始下降高度。若目前正处于降落段，再次发送降落指令，则直接开始下降高度（见图 8-10）。

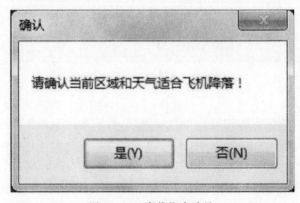

图 8-10　降落指令确认

8.2 航线规划

8.2.1 航线规划操作界面

进行航线规划操作时，要主界面快捷工具栏、电子地图区和航线规划弹出界面配合使用，如图 8－11 所示。

UAV_GCS40
续航时间2.5:58
Google

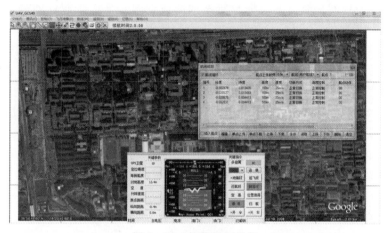

图 8－11　航线规划操作

先单击快捷工具栏里“航线规划”快捷键，GCS40 自动弹出航线规划弹出界面，用鼠标在电子地图区内双击左键，可以将该鼠标点添加到航线中，新增加的航点同时显示在航点列表框内，每行代表 1 个航点；按住“Shift”键，在电子地图区内双击鼠标左键，则新增加的航点自动与上一个航点正交；将鼠标移动到已添加的航点上，按住左键，可以拖动该航点，同时按住“Shift”键，则该航点只能沿与前一航点正交的方向移动；电子地图区内标示的航线上红色大方块表示起始航点和终止航点，红色小方块表示中间航点；红色方块右下方的文字表示航点编号(航点高度)；双击航点列表框内某一行，该行航点的坐标位置自动成为电子地图区的中心，该功能可用于寻找航点。在地图区选中某航点后，可以拖动其位置。

航线规划界面如图 8－12 所示。上侧是“航线循环”复选框、“航点上传帧频”选择框和“航线编号”选择框；中间是航点列表框；下侧是系列功能按钮。

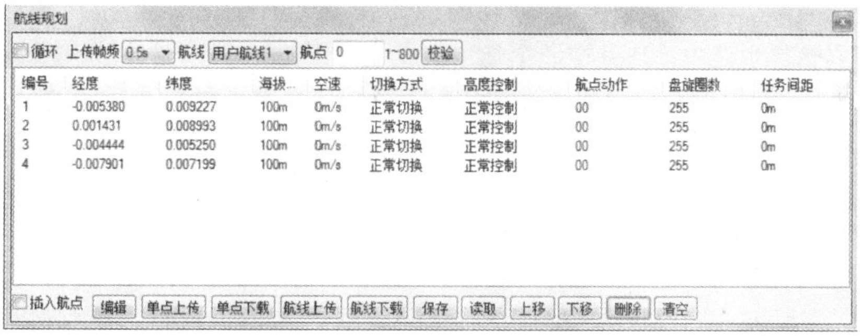

航线规划
循环 上传帧频 0.5s 航线 用户航线1 航点 0 1~800 校验
编号 经度 纬度 海拔... 空速 切换方式 高度控制 航点动作 盘旋圈数 任务间距
1 -0.005380 0.009227 100m 0m/s 正常切换 正常控制 00 255 0m
2 0.001431 0.008993 100m 0m/s 正常切换 正常控制 00 255 0m
3 -0.004444 0.005250 100m 0m/s 正常切换 正常控制 00 255 0m
4 -0.007901 0.007199 100m 0m/s 正常切换 正常控制 00 255 0m
插入航点 编辑 单点上传 单点下载 航线上传 航线下载 保存 读取 上移 下移 删除 清空

图 8－12　航线规划弹出界面

"航线循环"复选框选中后,则到达最后一个航点后,会自动切换到第一个航点,循环飞行该航线;如果"航线循环"复选框不选中,则到达最后一个航点后会自动切入盘旋航线。

"航线编号"可以在用户航线1~用户航线8及回家航线之间选择。

"航点上传帧频"的选择是为了适应不同规格的通信链路,其值代表航点之间的上传时间间隔。对于信号质量差的链路,"航点上传帧频"选择较大时间间隔。"校验"是为了防止航线传输过程中的误码。一般"航线上传"后,"清空"列表框内的所有航点,进行"航线下载",然后进行校验,GCS会自动将上传和下载的相应航点逐个进行比对。

航线规划界面中间是航点列表框。新添加的航点同时显示在航点列表框内,每行代表1个航点。

航线规划界面下侧的系列功能按钮介绍如下:

插入航点:"航线循环"复选框选中后,新增的航点自动添加到航点列表内选中航点的前面。

编辑:可以对选中的某行航点进行编辑。如果航线中有多个航点,还可以对该航线的某列信息进行批量编辑(单击该列的标题),所有航点的该列信息同时更改。

单点上传:将选中的单个航点上载至 S40/S50。

单点下载:将 S40/S50 内指定编号的单个航点下载到 GCS40。

上传:将 GCS40 规划好的指定编号航线上传至 S40/S50。航线航点上传正常,则 GCS40 指令状态闪绿,每上传1个航点闪绿1次。

下载:将 S40/S50 内指定编号的航线下载到 GCS40 的航点列表框内,并标示在电子地图区。GCS40 在该航线所有航点全部下载完毕后才在航点列表框和电子地图区内显示该航线,如果"下载"过程中某航点丢帧,则下载失败,GCS40 不显示该航线。

保存:将规划好的航线存储在本机硬盘上。

读取:从本机硬盘上读取曾经保存的航线文件。

上移:将选中的航点上移1位。

下移:将选中的航点下移1位。

删除:删除航点列表内选中的航点,电子地图区的相应航点标示也被清除。

清空:清除航点列表内所有航点,电子地图区的所有航点标示也被清除。

提示:(1)选择"航线规划"快捷工具后,在电子地图区内双击鼠标左键,可以将该鼠标点添加到航线中;按住"Shift"键,在电子地图区内双击鼠标左键,则新添加的航点自动与上一个航点正交;将鼠标移动到已添加的航点上,按住左键,可以拖动该航点。

(2)批量操作航点:选择"航线规划"快捷工具后,在电子地图区内,按住"Ctrl"键,鼠标单击的航点可以被多个选中。在其中一个选中航点上按住左键,可以整体"平移"所有选中航点;按"Delete"键可以删除所有选中航点。按住"Alt"键,用左键可以框选区域,然后再按"Ctrl+A"可以将框选区域内的所有航点选中。

(3)在电子地图区操作航点时,按"Ctrl+Z"可以撤销上一步航点操作,最多可以往前撤销10步,航线菜单栏内有相应的"恢复航点操作"按钮。

注意:(1)航线规划时,可根据需求设置飞行空速,但需要保证空速在合理范围内,否则会带来安全风险。若对飞行速度无特殊需求,则空速默认为0,飞控自动执行出厂设置的巡航空速。

（2）用户新规划 1 条航线并"上传"完毕后，一般需要进行"下载"操作，以确认新航线规划及"上传"无误！

（3）GCS40 可以支持其他客户软件生成的航线文件，但该航线文件必须与 GCS40 保存的航线文件的格式一致！

8.2.2　航点切换

如果 S40 内设置了多条航线，则可以通过"航点切换"操作，实现在飞行过程中切换到某航线的某航点。如果要跳过航线中的某个航点，可以直接通过"航点切换"操作，切换到该航线的下一个航点（见图 8 - 13）。

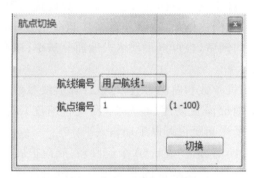

图 8 - 13　航点切换弹出界面

8.2.3　航点盘旋

在电子地图区双击右键会自动弹出盘旋设置界面。盘旋中心为鼠标双击点位置，盘旋半径和圈数可设置，发送"上传为盘旋点"指令后生效（见图 8 - 14）。

图 8 - 14　盘旋点设置

提示：用户新上传到 S40 的航线，并不能立刻发生效用，需要进行"航点切换"操作，将飞机切换到该新的航线，此时新航线才能发挥导航效用。

注意：保护状态下，不能通过地面站软件 GCS40 进行航点切换。

8.3　航空测绘航线规划

针对测绘领域应用，GCS40 提供非规则多测区的自动航线规划功能。自动规划步骤如下：

(1)选择搭载的相机型号和安装方式，或者自定义相机参数，其中航向参数为平行于机身纵向的参数，旁向参数为垂直于机身纵向的参数。该参数设置完毕后自动存储于本机。

(2)根据航测需求设置成图比例尺（地面分辨率）、航向重叠率和旁向重叠率；其中地面分辨率会根据成图比例尺自动调整，也可以手动输入地面分辨率；该参数设置完毕后自动存储于本机。

(3)根据上述设定的相机参数和航测参数，可以计算航线参数，包括相对航高、航线间距和曝光间距，其他航线参数（地面海拔高度、转弯半径、飞行速度）则需要根据实际情况手动输入，相对航高、航线间距和曝光间距也可以手动输入。

(4)可以设置测区的旁向前、后扩展量（n 个航段）和航向扩展量（m），以保证测区全覆盖。

(5)选择测区范围：通过 N 个点构成的非规则任意多边形框选待测区域，第 1 点为进入点，第二点为方向点，飞机将沿平行于 1 点和 2 点之间直线的方向飞行。

(6)生成临时航线：在上述测区内生成临时航线，用户可以顺延长线方向拖动临时航线各航点，使临时航线与实际待飞测区更加一致。

(7)生成测绘航线：根据调整后的临时航线和设定的转弯半径，自动添加转弯控制航点（便于飞机转弯后尽快贴近航线，平稳飞行），生成测绘航线。

(8)导入飞行航线：根据上述生成的测绘航线和设定的航线参数，自动生成实飞航线，航线高度为地面海拔高度＋相对航高，航线速度为设定的飞行速度，曝光间距也会自动加入航点属性。导入飞行航线后，各航点将进入航线规划界面的航点列表框，用户可以直接上传至飞控，也可以根据需要再次编辑各航点。

(9)若需要一次飞行多测区，则重复步骤(4)～(7)，多测区的航点会自动连成 1 条航线。

(10)自动规划过程中可点击"清除任务"中止规划。

注意：(1)自动航线规划时，可根据需求设置飞行空速，但需要保证空速在合理范围内，否则会带来安全风险。若对飞行速度无特殊需求，则空速默认为 0，飞控自动执行出厂设置的巡航空速。

(2)测区范围选择时，其右侧指示灯应为绿色，否则无法选择控制点，若变为灰色，则单击可变绿色（见图 8-15）。

图 8-15　选择测区

8.3.1　测绘范围选取操作

(1)鼠标左键选中某控制点，可对该点进行拖动。

（2）针对四边形测区,按住"Shift"键后,鼠标双击左键添加新的测区控制点时,自动保持垂直(矩形)。

（3）针对四边形测区,按住"Shift"键,鼠标左键选中某控制点拖动时,自动保持矩形,非规则四边形则先自动变换为矩形,控制点拖动过程中自动保持其对角点和 1-2 边方向不变。

（4）按住"Ctrl"键,鼠标左键选中某控制点,可以拖动整个测区。

（5）按住"Alt"键,鼠标左键选中某控制点,可以旋转整个测区。

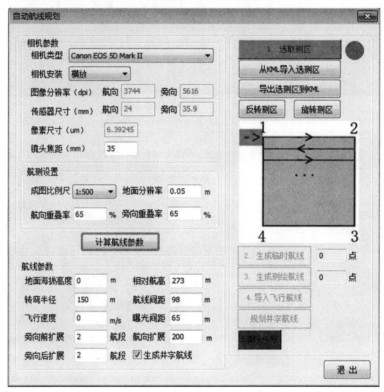

(a)

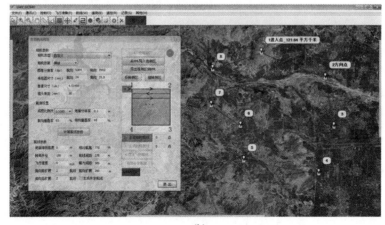

(b)

图 8-16　测绘航线规划

(a)自动航线规划;(b)任意多边形测区选择

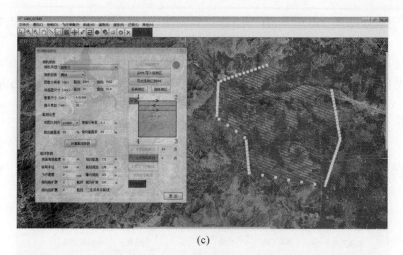

(c)

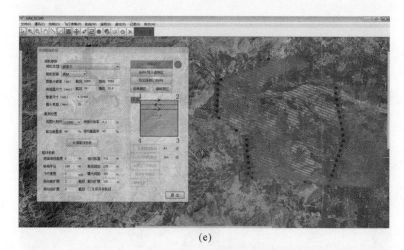

(d)

(e)

续图 8-16　测绘航线规划
(c)生成临时航线；(d)生成测绘航线；(e)导入飞行航线

若画了航线参考方向,则自动规划时优先按照该方向规划航线(见图 8-17)。

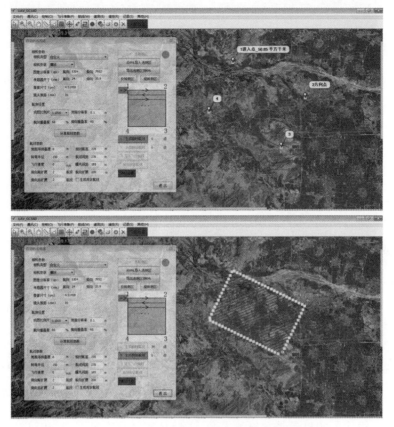

图 8-17 "Ctrl+鼠标左键"画出航线参考方向

测绘航线规划完成后,可以生成模拟拍照数据,检验拍照点和拍照数量的合理性,航线菜单生成模拟拍照数据。图中各圆圈中心为拍照位置,圆圈旁边数字为该拍照点流水号。

POS 数据导出完毕后,可以再次导入地图界面,用于核对,记录菜单→导入 POS 数据(见图 8-18、图 8-19)。

图 8-18 生成模拟 POS 数据和导入 POS 数据

图 8-19 POS 数据

8.3.2 巡线航线规划操作

针对电力/石油等管线巡检领域应用,GCS40 提供巡线航线规划功能。自动规划步骤如下(见图 8-20 至图 8-29)。

(1)选择搭载的相机型号和安装方式,或者自定义相机参数,其中航向参数为平行于机身纵向的参数,旁向参数为垂直于机身纵向的参数。该参数设置完毕后自动存储于本机。

(2)根据巡线需求设置成图比例尺(地面分辨率)、航向重叠率、旁向重叠率;其中地面分辨率会根据成图比例尺自动调整,也可以手动输入地面分辨率;该参数设置完毕后自动存储于本机。

(3)根据上述设定的相机参数和航测参数,可以计算航线参数,包括相对航高、航线间距和曝光间距(巡线为定时拍照,最终会按照曝光间隔时间来执行),其他航线参数(转弯半径、飞行速度)则需要根据实际情况手动输入,相对航高、航线间距、曝光间距和曝光间隔也可以手动输入。

(4)读取文件:读入管线坐标文件,支持 txt 和 kml 格式,每个坐标点需要有经度(单位:°)、纬度(单位:°)和高度(单位:m)。其中 txt 格式示例如下,第一行为表头,第一列为序号,第一行和第一列均不能忽略。"反向"按钮可以选择开始进入的坐标点(可以选择第一点进入或最后一点进入)。

(5)生成临时航线:在上述管线两侧生成临时航线,"反向"按钮可以选择从管线左侧或右侧进入。

(6)生成巡线航线:根据调整后的临时航线和设定的转弯半径,自动添加转弯控制航点(便于飞机在有效航段内姿态平稳飞行),生成巡线航线;当航线转角大于设定角度时会自动添加转弯控制点;若转弯控制点经过了管线,为了避免飞机飞越管线带来的风险,可以选择"不过线",系统会自动取消过线的转弯控制点。

(7)导入飞行航线:根据上述生成的巡线航线和设定的航线参数,自动生成实飞航线,航线高度为管线坐标高度+相对航高,航线速度为设定的飞行速度(设为 0 则默认巡航速度),采用定时拍照,若设定了飞行速度,则自动根据曝光间距计算曝光间隔时间。导入飞行航线后,各航点将进入航线规划界面的航点列表框,用户可以直接上传至飞控,也可以根据需要再次编辑各航点。

（8）若需要一次飞行多条管线，则重复步骤（4）～（7），多管线的航点会自动连成 1 条航线。

（9）自动规划过程中可点击"清除任务"中止规划。

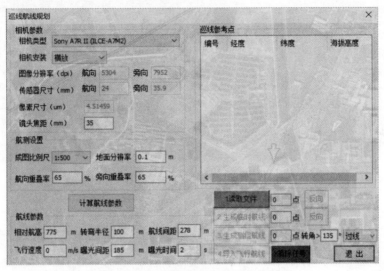

图 8 - 20　巡线航线规划弹出界面

图 8 - 21　读取巡线坐标文件

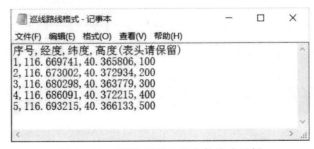

图 8 - 22　TXT 巡线坐标文件格式示例

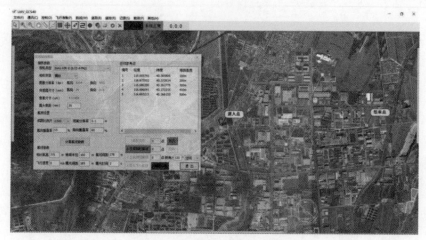

图 8-23　读入管线坐标文件

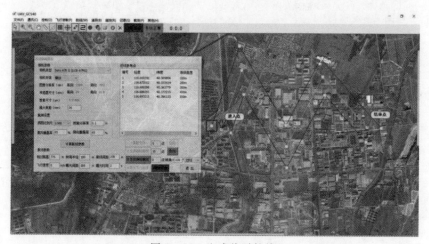

图 8-24　生成临时航线

图 8-25　生成巡线航线（允许过线）

图 8-26　生成巡线航线（不允许过线）

图 8-27　生成巡线航线（允许过线）

图 8-28　生成巡线航线（不允许过线）

图 8-29 导入飞行航线（允许过线）

若用户提供的管线坐标文件不带有高度信息（未授权 googleearth 导不出高度信息），则可以通过 UAV_GCS40 自带的高程校验工具查询各坐标点高度信息，操作流程如下：

（1）进入"航线"菜单，打开航线高度校验工具。

（2）点击"航线高度校验"工具界面上的高度查询。

（3）打开用户提供的原始不带高程信息的坐标文件（kml）。

（4）将查询结果存储为带高程信息的坐标文件（txt）。

（5）进入巡线航线规划界面，读取文件选择第（4）步存储的带高程信息的坐标文件（txt），可以看到各坐标点的高度信息。

（6）按照流程进行下一步规划，最后生成的用户航线可以直接导入航线高度。

（7）校验工具进行高度检验，也可以存储为 kml 格式，再导入 googleearth 进行验证。

第9章　无人机起降回收

9.1　无人机手动飞行流程

(1)通过 RC 遥控器切换至手动控制模式,飞行器模态切换至多旋翼。

(2)以多旋翼模态起飞,手动模式下是姿态控制。

(3)到一定高度后,通过 RC 遥控器将飞行器模态切换至过渡模态。

(4)此时油门遥控为固定翼油门,加速。

(5)加速至失速速度以上后,可以切换至固定翼模态。

(6)以固定翼模态巡航,手动模式下是舵面遥控,若舵面中位偏差较大,则需要降落后进行机械调整。

(7)巡航飞行完毕后,采用固定翼模态降低高度。

(8)通过 RC 遥控器将飞行器模态切换至多旋翼模态。

(9)以多旋翼模态降落,手动模式下是姿态控制,若在固定翼巡航时调节了中位微调,则多旋翼降落时需要带点反舵飞行。

9.2　无人机全自主飞行流程

(1)地面站加电、RC 遥控器加电、飞机上电。

(2)按照"飞前检查"流程操作,各项内容检查正常。

(3)RC 遥控器上锁,切换至全自主,升降、副翼、方向和油门摇杆放置在中位(各中位微调量为 0),或者 RC 遥控器关机。

(4)确认飞机机头迎风放置。

(5)通过 GCS40 发送"起飞"指令,多旋翼电机预转 5s,然后垂直起飞,离地 3m 悬停。

(6)通过 GCS40 发送"巡航"指令,以多旋翼方式垂直爬升至"高度下限"。

(7)+10m,当高度大于"高度下限"值时,进入过渡期,固定翼启动,逐渐加速到最大油门,默认盘旋航线(右盘旋)。

(8)飞行速度达到预设值时,多旋翼电机停转,固定翼以最大油门加速 4s,飞机进入右盘旋航线。

(9)飞机以固定翼方式盘旋 1 圈,确认状态是否正常。

(10)目标航点切换至待飞航线的第 1 个航点,并进入正式任务航线飞行。

(11)观察 GCS40 上的飞机遥测信息,如有异常,及时处理。

注意:1)若飞控和动力系统分开供电,则加电时应先给飞控供电,断电时后将飞控断电!

2)飞前检查未完成或有系统报警,则"起飞"指令无法发出。

3)飞控收到"起飞"指令后,只有在下列条件同时满足时,才执行"起飞":

a)GPS 定位正常;

b)控制模式为全自主;

c)系统处于正常状态(非校准、非保护);

d)多旋翼模式;

e)各摇杆(副翼、升降、油门、方向)处于中位,各中位微调 0。

4)固定翼动力为油机的复合式无人机飞行准备流程:

a)发动机启动前,先按流程做"飞前检查",至"震动状态检查"前的所有内容。

b)切换至固定翼,启动发动机,发动机热车,同时进行"震动状态检查"。

c)"震动状态检查"正常后,发动机保持怠速,通过遥控器给飞控上锁(手动模式下,遥杆"外八"字上锁)。

d)手动模式下,切换到多旋翼,然后再切换至全自主,此时发动机会自动保持怠速,达到待飞状态。

5)油动固定翼发动机空中电启动注意事项:

a)发动机电启动通过 PWM 信号来控制启动电机。

b)发动机电启动 PWM 通道与开伞通道复用 PWM9,需要通过通道配置来选择。

c)发动机电启动的控制量需要校准,进入其他舵量校准,选择 PWM9 通道,负极限和中位对应不启动,正极限对应启动。

d)发动机电启动不会自动开启,需要地面遥控,手动/半自主模式下通过 RC 遥控器发送启动指令,全自主模式下通过 UAV_GCS40 软件发送启动指令。

e)RC 遥控器发送启动指令时,必须先解锁.

f)发动机启动指令在关车有效时不执行。

g)通过 UAV_GCS40 软件发送的启动指令会在执行 3s 后自动取消,若 3s 内发动机未启动成功,则需要再次发送指令;若需要提前退出启动指令,则需要发送"取消启动"指令。

9.3   无人机返航

飞行任务完成后,一般通过将目标盘旋点"上传为降落航线"自动生成降落航线来完成盘旋降高、直线返航、降低空速、按距离提前切换多旋翼、到家垂直降落的全过程;也可以通过 GCS40 发送"返航"指令,飞机到"家"并下降至"家"的高度后自动切换为多旋翼,垂直降落,自动熄火;若航线的最后一个航点的切换方式选择为"自主降落",则飞机到达最后一个航点并下降至该航点预设高度后,自动切换为多旋翼,垂直降落,自动熄火;必要时可以通过 qb 遥控器或 GCS40 熄火。

9.4   无人机起飞必备条件

(1)无人机操控人员。无人机驾驶操控人员,必须取得民航局颁发的"无人机驾驶证",具备《中国民用航空局飞行标准司》"民用无人机驾驶员管理规定"中,规定的驾驶条件。

（2）适航空域。无人机的飞行必须符合民航局《民用无人驾驶航空器经营性飞行活动管理办法（暂行）》的规定,对飞行空域进行申报报备,得到有关航空管理机关的批准后,才可飞行。

（3）起飞、回收点的空域。NPU－GC01 复合翼无人机的起飞地点,需选择场地平坦、地面无乱石、杂草、灌木丛的场地,面积不小于 $100m^2$,四周空域开阔,视野开阔、视线良好,盘旋半径 300m 内不得有高于 50m 的障碍或建筑物的空域起飞。

（4）气象条件。无人机的飞行作业,应选择天气晴朗,起飞和作业空域无低空云层（山区或峡谷地带地面无雾气）,裸视能见度不小于 3km,起飞风速不大于 8m/s,作业区域风速不大于 17m/s。

9.5　无人机回收与运输

（1）落地后的检查整理。无人机完成任务返航落地后,断电和下载数据。数据下载完毕,断开设备电源,取出主电池、设备电池及启动电池。将油箱内剩余燃油抽回储油桶内。

盖好舱盖,用化油器清洗剂清理发动机油渍,用抹布等蘸少许煤油或汽油将机身及机身上的油渍擦拭干净。收回空速管。

（2）分解装箱。将擦拭干净的无人机,按照无人机装配的相反步骤拆下水平尾翼和左右机翼,装回运输箱内。

（3）运输。无人机应有专门的运输车辆进行运输,车厢内应设有固定无人机运输箱的装置。并备有不小于 3L 的干粉灭火器（建议配备 2 个 5L 的干粉灭火器）。无人机装、卸车,要轻抬轻放,避免撞击、磕碰。无人机装车后,应有安全绳将箱体固定,防止行驶中的颠簸、撞击。行驶中应避免急转弯和急刹车。遇颠簸和复杂路况应尽量低速慢行,确保运输安全。如需物流托运时,须对运输箱进行外包装,并表明注意事项。

附　录

附录 1　翼型外形

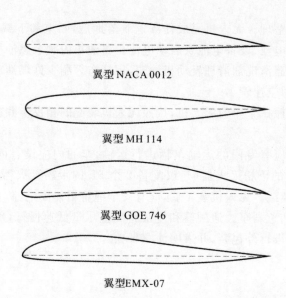

翼型 NACA 0012

翼型 MH 114

翼型 GOE 746

翼型 EMX-07

附录 2　翼型实验数据

附表 2-1　翼型 NACA 0012

	Re=500 000					Re=250 000			
迎角	C_l	C_d	C_l/C_d	C_m	迎角	C_l	C_d	C_l/C_d	C_m
−5	−0.627 1	0.010 3	−60.883 5	0.012 4	−5	−0.623 3	0.012 2	−51.090 2	0.011
−4.5	−0.554 1	0.009 6	−57.718 8	0.008 2	−4.5	−0.580 8	0.011 5	−50.504 3	0.013 1
−4	−0.477	0.009	−53	0.003 3	−4	−0.536 7	0.011	−48.790 9	0.014 9
−3.5	−0.411	0.008 4	−48.928 6	0.001	−3.5	−0.491 2	0.010 6	−46.339 6	0.016 4
−3	−0.336 2	0.007 8	−43.102 6	−0.003 1	−3	−0.429 1	0.010 3	−41.660 2	0.014 6
−2.5	−0.270 1	0.007 4	−36.5	−0.005 1	−2.5	−0.347 8	0.009 9	−35.131 3	0.009 1
−2	−0.210 1	0.006 9	−30.449 3	−0.005 5	−2	−0.270 5	0.009 6	−28.177 1	0.004 9
−1.5	−0.156 6	0.006 6	−23.727 3	−0.004 4	−1.5	−0.190 9	0.009 2	−20.75	0.000 5
−1	−0.103 8	0.006 3	−16.476 2	−0.003	−1	−0.119 7	0.008 9	−13.449 4	−0.001 4
−0.5	−0.051 9	0.006 2	−8.371	−0.001 5	−0.5	−0.058 7	0.008 7	−6.747 1	−0.001
0	0	0.006 1	0	0	0	0	0.008 7	0	0
0.5	0.052	0.006 2	8.387 1	0.001 6	0.5	0.058 8	0.008 7	6.758 6	0.001 1
1	0.104	0.006 3	16.507 9	0.003 1	1	0.119 8	0.008 9	13.460 7	0.001 5
1.5	0.156 7	0.006 6	23.742 4	0.004 5	1.5	0.191	0.009 2	20.760 9	−0.000 4
2	0.210 2	0.006 9	30.463 8	0.005 6	2	0.270 6	0.009 6	28.187 5	−0.004 8
2.5	0.270 2	0.007 4	36.513 5	0.005 2	2.5	0.347 9	0.009 9	35.141 4	−0.009
3	0.336 3	0.007 8	43.115 4	0.003 2	3	0.429 2	0.010 3	41.669 9	−0.014 5
3.5	0.411 1	0.008 4	48.940 5	−0.000 9	3.5	0.491 2	0.010 6	46.339 6	−0.016 3
4	0.477 1	0.009	53.011 1	−0.003 2	4	0.536 6	0.011	48.781 8	−0.014 8
4.5	0.554 2	0.009 6	57.729 2	−0.008 1	4.5	0.580 7	0.011 5	50.495 7	−0.012 9
5	0.627 2	0.010 3	60.893 2	−0.012 3	5	0.623 2	0.012 2	51.082	−0.010 8
5.5	0.680 1	0.011	61.827 3	−0.012 3	5.5	0.664 2	0.013 1	50.702 3	−0.008 4
6	0.722 7	0.011 6	62.301 7	−0.01	6	0.702 9	0.014 2	49.5	−0.005 6
6.5	0.764 3	0.012 3	62.138 2	−0.007 5	6.5	0.741 7	0.015 3	48.477 1	−0.002 6
7	0.802 8	0.013 3	60.360 9	−0.004 3	7	0.780 3	0.016 5	47.290 9	0.000 3

续表

迎角	C_l	C_d	C_l/C_d	C_m	迎角	C_l	C_d	C_l/C_d	C_m
	$Re=500\ 000$					$Re=250\ 000$			
7.5	0.846 5	0.013 8	61.340 6	−0.002 1	7.5	0.819 4	0.017 7	46.293 8	0.003 3
8	0.884	0.015	58.933 3	0.001	8	0.856 5	0.019 2	44.609 4	0.006 3
8.5	0.924 5	0.015 9	58.144 7	0.003 8	8.5	0.894 5	0.021 1	42.393 4	0.009 2
9	0.966 3	0.016 8	57.517 9	0.006 1	9	0.934 4	0.022 6	41.345 1	0.011 6
9.5	1.003 9	0.018 2	55.159 3	0.008 9	9.5	0.971	0.024 7	39.311 7	0.014 2
10	1.039 4	0.02	51.97	0.011 8	10	1.000 3	0.029 2	34.256 8	0.017 3

附表 2-2　翼型 MH 114

迎角	C_l	C_d	C_l/C_d	C_m	迎角	C_l	C_d	C_l/C_d	C_m
	$Re=500\ 000$					$Re=250\ 000$			
−5	0.299 7	0.016 4	18.274 4	−0.190 1	−4.5	0.304 4	0.023 3	13.064 4	−0.182 3
−4.5	0.353	0.014 4	24.513 9	−0.190 1	−4	0.358 1	0.020 4	17.553 9	−0.183
−4	0.410 1	0.013 4	30.604 5	−0.190 6	−3.5	0.426 4	0.017 5	24.365 7	−0.185 7
−3	0.522 3	0.010 9	47.917 4	−0.191	−3	0.489 3	0.015 5	31.567 7	−0.187 1
−2.5	0.582	0.01	58.2	−0.191 8	−2.5	0.542 8	0.014 1	38.496 5	−0.186 8
−2	0.640 2	0.009 3	68.838 7	−0.192 6	−2	0.609 5	0.012 9	47.248 1	−0.189 2
−1.5	0.695 8	0.008 9	78.179 8	−0.192 8	−1.5	0.669 2	0.012 5	53.53 6	−0.190 4
−1	0.754 1	0.008 7	86.678 2	−0.193 6	−1	0.722 3	0.012 2	59.204 9	−0.189 8
−0.5	0.807 6	0.008 5	95.011 8	−0.193 2	−0.5	0.783 6	0.011 9	65.848 7	−0.190 4
0	0.862 1	0.008 4	102.631	−0.192 9	0	0.831 5	0.011 9	69.873 9	−0.188 5
0.5	0.915 2	0.008 4	108.952 4	−0.192 3	1	0.920 3	0.011 4	80.728 1	−0.182 2
1	0.965 9	0.008 4	114.988 1	−0.191 1	1.5	0.975 6	0.011 5	84.834 8	−0.182 3
1.5	1.010 2	0.008 4	120.261 9	−0.188 3	2	1.035 3	0.011 8	87.737 3	−0.183 1
2	1.053 1	0.008 3	126.879 5	−0.185 4	2.5	1.085	0.011 9	91.176 5	−0.181 9
2.5	1.104 8	0.008 6	128.465 1	−0.184 7	3	1.140 2	0.012 2	93.459	−0.181 8
3	1.153 8	0.008 9	129.640 4	−0.183 4	3.5	1.189	0.012 4	95.887 1	−0.180 5

续表

Re＝500 000				Re＝250 000				
迎角	C_l	C_d	C_l/C_d	C_m	迎角	C_l	C_d	C_l/C_d	C_m
3.5	1.202 9	0.009 2	130.75	−0.182 2	4	1.237 6	0.012 7	97.448 8	−0.179 2
4	1.247 5	0.009 6	129.947 9	−0.180 2	4.5	1.288 8	0.013 1	98.381 7	−0.178 3
4.5	1.291 9	0.01	129.19	−0.178 1	5	1.329 2	0.013 5	98.459 3	−0.175 4
5	1.331 2	0.010 4	128	−0.174 9	5.5	1.372 8	0.014	98.057 1	−0.173 3
5.5	1.366 2	0.011	124.2	−0.171 1	6.5	1.446 6	0.015 1	95.801 3	−0.166 4
6	1.401 9	0.011 5	121.904 3	−0.167 4	7	1.478 3	0.015 8	93.563 3	−0.162 1
6.5	1.438 3	0.012 1	118.867 8	−0.164 1	7.5	1.511 2	0.016 6	91.036 1	−0.158 2
7	1.469 7	0.012 8	114.820 3	−0.159 9	8	1.535 9	0.017 4	88.270 1	−0.153
7.5	1.502 8	0.013 6	110.5	−0.156 2	8.5	1.563 2	0.018 4	84.956 5	−0.148 5
8	1.534 1	0.014 4	106.534 7	−0.152 3	9	1.587 6	0.019 7	80.588 8	−0.143 7
8.5	1.559 2	0.015 6	99.948 7	−0.147 6	9.5	1.608 7	0.020 9	76.971 3	−0.138 7
9	1.588 7	0.016 6	95.704 8	−0.143 8	10	1.629 2	0.022 4	72.732 1	−0.133 9
9.5	1.614 6	0.017 8	90.707 9	−0.139 7					
10	1.634 3	0.019 5	83.810 3	−0.134 9					
−5	0.299 7	0.016 4	18.274 4	−0.190 1					

附表 2-3　翼型 GOE 746

Re＝500 000				Re＝250 000				
迎角	C_l	C_d	C_l/C_d	C_m	迎角	C_l	C_d	C_l/C_d	C_m
−1	0.128 7	0.018 7	6.882 4	−0.008 8	0	0.243 5	0.018 9	12.883 6	−0.010 9
−0.5	0.181 3	0.016 7	10.856 3	−0.008 3	0.5	0.301 6	0.017	17.741 2	−0.009 9
0	0.235 7	0.015 9	14.823 9	−0.008	1	0.357 1	0.016 4	21.774 4	−0.009 4
1	0.350 9	0.012 3	28.528 5	−0.006 1	1.5	0.410 1	0.015 4	26.629 9	−0.008 5
1.5	0.404 8	0.011 4	35.508 8	−0.005 2	2	0.463 3	0.015 1	30.682 1	−0.007 8
2	0.459	0.011	41.727 3	−0.004 5	2.5	0.517	0.015	34.466 7	−0.007 1
2.5	0.513 2	0.011	46.654 5	−0.004 1	3	0.671	0.013 2	50.833 3	−0.027 7

续表

	Re=500 000					Re=250 000			
迎角	C_l	C_d	C_l/C_d	C_m	迎角	C_l	C_d	C_l/C_d	C_m
3	0.568 5	0.010 8	52.638 9	−0.003 9	3.5	0.721 9	0.013 3	54.278 2	−0.026 8
3.5	0.624 1	0.010 7	58.327 1	−0.003 7	4	0.772 4	0.013 4	57.641 8	−0.025 7
4	0.779 7	0.009	86.633 3	−0.025 4	4.5	0.822 1	0.013 9	59.143 9	−0.024 7
4.5	0.830 7	0.009 2	90.293 5	−0.024 6	5	0.872 8	0.014	62.342 9	−0.023 9
5	0.882 2	0.009 3	94.860 2	−0.023 9	5.5	0.923 2	0.014 1	65.475 2	−0.023
5.5	0.933 4	0.009 4	99.297 9	−0.023 1	6	0.973 2	0.014 3	68.055 9	−0.021 9
6	0.983 8	0.009 7	101.422 7	−0.022 3	6.5	1.022 8	0.014 7	69.578 2	−0.021 2
6.5	1.035	0.009 7	106.701	−0.021 7	7	1.073 3	0.014 3	75.055 9	−0.02
7	1.085 3	0.01	108.53	−0.021	7.5	1.122 8	0.014	80.2	−0.019
7.5	1.133 5	0.010 6	106.934	−0.020 4	8	1.171	0.014 2	82.464 8	−0.018 1
8	1.174	0.012 4	94.677 4	−0.019 6	8.5	1.213 2	0.015 1	80.344 4	−0.017 1
8.5	1.182 8	0.017 8	66.449 4	−0.017 3	9.5	1.183 9	0.026 3	45.015 2	−0.01
9	1.210 6	0.019 8	61.141 4	−0.015	10	1.181 6	0.030 4	38.868 4	−0.007 5
9.5	1.209 7	0.023 6	51.258 5	−0.011 7					
10	1.204	0.027 7	43.465 7	−0.009					

附表 2−4　翼型 EMX−07

	EMX−07−Re=500 000					EMX−07−Re=250 000			
迎角	C_l	C_d	C_l/C_d	C_m	迎角	C_l	C_d	C_l/C_d	C_m
−5	−0.450 7	0.035 1	−12.840 5	0.005 3	−5	−0.426 6	0.040 3	−10.585 6	−0.002 9
−4.5	−0.405 6	0.032 2	−12.596 3	0.006 5	−4.5	−0.377 3	0.042 9	−8.794 9	0.001 7
−4	−0.347 4	0.033 3	−10.432 4	0.007 8	−4	−0.352 2	0.031 6	−11.145 6	0.003 5
−3	−0.259 5	0.020 6	−12.597 1	0.011 1	−3.5	−0.306 4	0.028 3	−10.826 9	0.005
−2.5	−0.206 2	0.018 5	−11.145 9	0.011 7	−3	−0.257 2	0.025 3	−10.166	0.006 7
−2	−0.147 8	0.015 2	−9.723 7	0.013 6	−2.5	−0.196 7	0.020 3	−9.689 7	0.009 5
−1.5	−0.093 5	0.012 3	−7.601 6	0.015 3	−2	−0.138 6	0.016 7	−8.299 4	0.011 5

续表

EMX$-$07$-Re$=500 000					EMX$-$07$-Re$=250 000				
迎角	C_l	C_d	C_l/C_d	C_m	迎角	C_l	C_d	C_l/C_d	C_m
-1	$-0.040\ 1$	0.011 1	$-3.612\ 6$	0.016 5	-1.5	$-0.083\ 5$	0.015 3	$-5.457\ 5$	0.012 6
-0.5	0.014 6	0.010 5	1.390 5	0.017 1	-1	$-0.032\ 4$	0.013 3	$-2.436\ 1$	0.014 3
0	0.068 8	0.009 7	7.092 8	0.017 6	-0.5	0.021	0.012 5	1.68	0.015 3
0.5	0.148 7	0.007 7	19.311 7	0.013 4	0	0.155 9	0.010 2	15.284 3	0.000 7
1	0.255 7	0.008 1	31.567 9	0.002 5	0.5	0.208 5	0.010 2	20.441 2	0.001
1.5	0.308 6	0.008	38.575	0.002 8	1	0.261 4	0.010 3	25.378 6	0.001 3
2	0.362 3	0.008 2	44.182 9	0.003	1.5	0.313 6	0.010 4	30.153 8	0.001 8
2.5	0.415 4	0.008 2	50.658 5	0.003 4	2	0.366	0.010 6	34.528 3	0.002 2
3	0.468	0.008 3	56.385 5	0.003 8	2.5	0.417 8	0.010 8	38.685 2	0.002 8
3.5	0.520 7	0.008 6	60.546 5	0.004 2	3	0.469 7	0.011 1	42.315 3	0.003 4
4	0.573 1	0.008 7	65.873 6	0.004 7	3.5	0.521 5	0.011 3	46.150 4	0.004
4.5	0.625 2	0.008 9	70.247 2	0.005 3	4	0.572 9	0.011 8	48.550 8	0.004 6
5	0.677 3	0.009 1	74.428 6	0.005 8	4.5	0.624 5	0.012	52.041 7	0.005 2
5.5	0.729 3	0.009 3	78.419 4	0.006 3	5	0.675 4	0.012 5	54.032	0.005 9
6	0.780 8	0.009 6	81.333 3	0.006 9	5.5	0.726 9	0.012 8	56.789 1	0.006 5
6.5	0.832 4	0.009 8	84.938 8	0.007 4	6	0.777 9	0.013 2	58.931 8	0.007 2
7	0.884	0.010 1	87.524 8	0.007 9	6.5	0.828 8	0.013 6	60.941 2	0.007 8
7.5	0.934 8	0.010 5	89.028 6	0.008 4	7	0.878 9	0.013 9	63.230 2	0.008 6
8	0.984 3	0.011 2	87.883 9	0.008 9	7.5	0.929 8	0.014	66.414 3	0.009 3
8.5	1.029	0.012 8	80.390 6	0.009 5	8	0.979 9	0.014 2	69.00 7	0.009 9
9	1.068 6	0.015	71.24	0.010 4	8.5	1.029 1	0.014 7	70.006 8	0.010 4
9.5	1.106 9	0.017 3	63.982 7	0.011 6	9	1.076 9	0.015 5	69.477 4	0.011
10	1.147 4	0.019 1	60.073 3	0.012 9	9.5	1.114 7	0.017 8	62.623 6	0.011 7
					10	1.140 9	0.021 5	53.065 1	0.013 2

附录 3 《中华人民共和国民用航空法》

第一章 总则

第一条 为了维护国家的领空主权和民用航空权利,保障民用航空活动安全和有秩序地进行,保护民用航空活动当事人各方的合法权益,促进民用航空事业的发展,制定本法。

第二条 中华人民共和国的领陆和领水之上的空域为中华人民共和国领空。中华人民共和国对领空享有完全的、排他的主权。

第三条 国务院民用航空主 管部门对全国民用航空活动实施统一监督管理;根据法律和国务院的决定,在本部门的权限内,发布有关民用航空活动的规定、决定。

国务院民用航空主管部门设立的地区民用航空管理机构依照国务院民用航空主管部门的授权,监督管理各该地区的民用航空活动。

第四条 国家扶持民用航空事业的发展,鼓励和支持发展民用航空的科学研究和教育事业,提高民用航空科学技术水平。

国家扶持民用航空器制造业的发展,为民用航空活动提供安全、先进、经济、适用的民用航空器。

第二章 民用航空器国籍

第五条 本法所称民用航空器,是指除用于执行军事、海关、警察飞行任务外的航空器。

第六条 经中华人民共和国国务院民用航空主管部门依法进行国籍登记的民用航空器,具有中华人民共和国国籍,由国务院民用航空主管部门发给国籍登记证书。

国务院民用航空主管部门设立中华人民共和国民用航空器国籍登记簿,统一记载民用航空器的国籍登记事项。

第七条 下列民用航空器应当进行中华人民共和国国籍登记。

(一)中华人民共和国国家机构的民用航空器。

(二)依照中华人民共和国法律设立的企业法人的民用航空器;企业法人的注册资本中有外商出资的,其机构设置、人员组成和中方投资人的出资比例,应当符合行政法规的规定。

(三)国务院民用航空主管部门准予登记的其他民用航空器。

自境外租赁的民用航空器,承租人符合前款规定,该民用航空器的机组人员由承租人配备的,可以申请登记中华人民共和国国籍,但是必须先予注销该民用航空器原国籍登记。

第八条 依法取得中华人民共和国国籍的民用航空器,应当标明规定的国籍标志和登记标志。

第九条 民用航空器不得具有双重国籍。未注销外国国籍的民用航空器不得在中华人民共和国申请国籍登记。

第三章 民用航空器权利

第十条 本章规定的对民用航空器的权利,包括对民用航空器构架、发动机、螺旋桨、无线电设备和其他一切为了在民用航空器上使用的,无论安装于其上或者暂时拆离的物品的权利。

第十一条　民用航空器权利人应当就下列权利分别向国务院民用航空主管部门办理权利登记：

（一）民用航空器所有权；

（二）通过购买行为取得并占有民用航空器的权利；

（三）根据租赁期限为六个月以上的租赁合同占有民用航空器的权利；

（四）民用航空器抵押权。

第十二条　国务院民用航空主管部门设立民用航空器权利登记簿。同一民用航空器的权利登记事项应当记载于同一权利登记簿中。

民用航空器权利登记事项，可以供公众查询、复制或者摘录。

第十三条　除民用航空器经依法强制拍卖外，在已经登记的民用航空器权利得到补偿或者民用航空器权利人同意之前，民用航空器的国籍登记或者权利登记不得转移至国外。

第十四条　民用航空器所有权的取得、转让和消灭，应当向国务院民用航空主管部门登记；未经登记的，不得对抗第三人。

民用航空器所有权的转让，应当签订书面合同。

第十五条　国家所有的民用航空器，由国家授予法人经营管理或者使用的，本法有关民用航空器所有人的规定适用于该法人。

第十六条　设定民用航空器抵押权，由抵押权人和抵押人共同向国务院民用航空主管部门办理抵押权登记；未经登记的，不得对抗第三人。

第十七条　民用航空器抵押权设定后，未经抵押权人同意，抵押人不得将被抵押民用航空器转让他人。

第十八条　民用航空器优先权，是指债权人依照本法第十九条规定，向民用航空器所有人、承租人提出赔偿请求，对产生该赔偿请求的民用航空器具有优先受偿的权利。

第十九条　下列各项债权具有民用航空器优先权：

（一）援救该民用航空器的报酬；

（二）保管维护该民用航空器的必需费用。

前款规定的各项债权，后发生的先受偿。

第二十条　本法第十九条规定的民用航空器优先权，其债权人应当自援救或者保管维护工作终了之日起三个月内，就其债权向国务院民用航空主管部门登记。

第二十一条　为了债权人的共同利益，在执行人民法院判决以及拍卖过程中产生的费用，应当从民用航空器拍卖所得价款中先行拨付。

第二十二条　民用航空器优先权先于民用航空器抵押权受偿。

第二十三条　本法第十九条规定的债权转移的，其民用航空器优先权随之转移。

第二十四条　民用航空器优先权应当通过人民法院扣押产生优先权的民用航空器行使。

第二十五条　民用航空器优先权自援救或者保管维护工作终了之日起满三个月时终止；但是，债权人就其债权已经依照本法第二十条规定登记，并具有下列情形之一的除外：

（一）债权人、债务人已经就此项债权的金额达成协议；

（二）有关此项债权的诉讼已经开始。

民用航空器优先权不因民用航空器所有权的转让而消灭；但是，民用航空器经依法强制拍卖的除外。

第二十六条　民用航空器租赁合同,包括融资租赁合同和其他租赁合同,应当以书面形式订立。

第二十七条　民用航空器的融资租赁,是指出租人按照承租人对供货方和民用航空器的选择,购得民用航空器,出租给承租人使用,由承租人定期交纳租金。

第二十八条　融资租赁期间,出租人依法享有民用航空器所有权,承租人依法享有民用航空器的占有、使用、收益权。

第二十九条　融资租赁期间,出租人不得干扰承租人依法占有、使用民用航空器;承租人应当适当地保管民用航空器,使之处于原交付时的状态,但是合理损耗和经出租人同意的对民用航空器的改变除外。

第三十条　融资租赁期满,承租人应当将符合本法第二十九条规定状态的民用航空器退还出租人。但是,承租人依照合同行使购买民用航空器的权利或者为继续租赁而占有民用航空器的除外。

第三十一条　民用航空器融资租赁中的供货方,不就同一损害同时对出租人和承租人承担责任。

第三十二条　融资租赁期间,经出租人同意,在不损害第三人利益的情况下,承租人可以转让其对民用航空器的占有权或者租赁合同约定的其他权利。

第三十三条　民用航空器的融资租赁和租赁期限为六个月以上的其他租赁,承租人应当就其对民用航空器的占有权向国务院民用航空主管部门办理登记;未经登记的,不得对抗第三人。

第四章　民用航空器适航管理

第三十四条　设计民用航空器及其发动机、螺旋桨和民用航空器上设备,应当向国务院民用航空主管部门申请领取型号合格证书。经审查合格的,发给型号合格证书。

第三十五条　生产、维修民用航空器及其发动机、螺旋桨和民用航空器上设备,应当向国务院民用航空主管部门申请领取生产许可证书、维修许可证书。经审查合格的,发给相应的证书。

第三十六条　外国制造人生产的任何型号的民用航空器及其发动机、螺旋桨和民用航空器上设备,首次进口中国的,该外国制造人应当向国务院民用航空主管部门申请领取型号认可证书。经审查合格的,发给型号认可证书。

已取得外国颁发的型号合格证书的民用航空器及其发动机、螺旋桨和民用航空器上设备,首次在中国境内生产的,该型号合格证书的持有人应当向国务院民用航空主管部门申请领取型号认可证书。经审查合格的,发给型号认可证书。

第三十七条　具有中华人民共和国国籍的民用航空器,应当持有国务院民用航空主管部门颁发的适航证书,方可飞行。

出口民用航空器及其发动机、螺旋桨和民用航空器上设备,制造人应当向国务院民用航空主管部门申请领取出口适航证书。经审查合格的,发给出口适航证书。租用的外国民用航空器,应当经国务院民用航空主管部门对其原国籍登记国发给的适航证书审查认可或者另发适航证书,方可飞行。

民用航空器适航管理规定,由国务院制定。

第三十八条　民用航空器的所有人或者承租人应当按照适航证书规定的使用范围使用民用航空器,做好民用航空器的维修保养工作,保证民用航空器处于适航状态。

第五章　航空人员

第一节　一般规定

第三十九条　本法所称航空人员,是指下列从事民用航空活动的空勤人员和地面人员:

(一)空勤人员,包括驾驶员、飞行机械人员、乘务员;

(二)地面人员,包括民用航空器维修人员、空中交通管制员、飞行签派员、航空电台通信员。

第四十条　航空人员应当接受专门训练,经考核合格,取得国务院民用航空主管部门颁发的执照,方可担任其执照载明的工作。

空勤人员和空中交通管制员在取得执照前,还应当接受国务院民用航空主管部门认可的体格检查单位的检查,并取得国务院民用航空主管部门颁发的体格检查合格证书。

第四十一条　空勤人员在执行飞行任务时,应当随身携带执照和体格检查合格证书,并接受国务院民用航空主管部门的查验。

第四十二条　航空人员应当接受国务院民用航空主管部门定期或者不定期的检查和考核;经检查、考核合格的,方可继续担任其执照载明的工作。

空勤人员还应当参加定期的紧急程序训练。

空勤人员间断飞行的时间超过国务院民用航空主管部门规定时限的,应当经过检查和考核;乘务员以外的空勤人员还应当经过带飞。经检查、考核、带飞合格的,方可继续担任其执照载明的工作。

第二节　机组

第四十三条　民用航空器机组由机长和其他空勤人员组成。机长应当由具有独立驾驶该型号民用航空器的技术和经验的驾驶员担任。

机组的组成和人员数额,应当符合国务院民用航空主管部门的规定。

第四十四条　民用航空器的操作由机长负责,机长应当严格履行职责,保护民用航空器及其所载人员和财产的安全。

机长在其职权范围内发布的命令,民用航空器所载人员都应当执行。

第四十五条　飞行前,机长应当对民用航空器实施必要的检查;未经检查,不得起飞。

机长发现民用航空器、机场、气象条件等不符合规定,不能保证飞行安全的,有权拒绝起飞。

第四十六条　飞行中,对于任何破坏民用航空器、扰乱民用航空器内秩序、危害民用航空器所载人员或者财产安全以及其他危及飞行安全的行为,在保证安全的前提下,机长有权采取必要的适当措施。

飞行中,遇到特殊情况时,为保证民用航空器及其所载人员的安全,机长有权对民用航空器作出处置。

第四十七条　机长发现机组人员不适宜执行飞行任务的,为保证飞行安全,有权提出调整。

第四十八条 民用航空器遇险时,机长有权采取一切必要措施,并指挥机组人员和航空器上其他人员采取抢救措施。在必须撤离遇险民用航空器的紧急情况下,机长必须采取措施,首先组织旅客安全离开民用航空器;未经机长允许,机组人员不得擅自离开民用航空器;机长应当最后离开民用航空器。

第四十九条 民用航空器发生事故,机长应当直接或者通过空中交通管制单位,如实将事故情况及时报告国务院民用航空主管部门。

第五十条 机长收到船舶或者其他航空器的遇险信号,或者发现遇险的船舶、航空器及其人员,应当将遇险情况及时报告就近的空中交通管制单位并给予可能的合理的援助。

第五十一条 飞行中,机长因故不能履行职务的,由仅次于机长职务的驾驶员代理机长;在下一个经停地起飞前,民用航空器所有人或者承租人应当指派新机长接任。

第五十二条 只有一名驾驶员,不需配备其他空勤人员的民用航空器,本节对机长的规定,适用于该驾驶员。

第六章 民用机场

第五十三条 本法所称民用机场,是指专供民用航空器起飞、降落、滑行、停放以及进行其他活动使用的划定区域,包括附属的建筑物、装置和设施。

本法所称民用机场不包括临时机场。

军民合用机场由国务院、中央军事委员会另行制定管理办法。

第五十四条 民用机场的建设和使用应当统筹安排、合理布局,提高机场的使用效率。

全国民用机场的布局和建设规划,由国务院民用航空主管部门会同国务院其他有关部门制定,并按照国家规定的程序,经批准后组织实施。

省、自治区、直辖市人民政府应当根据全国民用机场的布局和建设规划,制定本行政区域内的民用机场建设规划,并按照国家规定的程序报经批准后,将其纳入本级国民经济和社会发展规划。

第五十五条 民用机场建设规划应当与城市建设规划相协调。

第五十六条 新建、改建和扩建民用机场,应当符合依法制定的民用机场布局和建设规划,符合民用机场标准,并按照国家规定报经有关主管机关批准并实施。

不符合依法制定的民用机场布局和建设规划的民用机场建设项目,不得批准。

第五十七条 新建、扩建民用机场,应当由民用机场所在地县级以上地方人民政府发布公告。前款规定的公告应当在当地主要报纸上刊登,并在拟新建、扩建机场周围地区张贴。

第五十八条 禁止在依法划定的民用机场范围内和按照国家规定划定的机场净空保护区域内从事下列活动:

(一)修建可能在空中排放大量烟雾、粉尘、火焰、废气而影响飞行安全的建筑物或者设施;

(二)修建靶场、强烈爆炸物仓库等影响飞行安全的建筑物或者设施;

(三)修建不符合机场净空要求的建筑物或者设施;

(四)设置影响机场目视助航设施使用的灯光、标志或者物体;

(五)种植影响飞行安全或者影响机场助航设施使用的植物;

(六)饲养、放飞影响飞行安全的鸟类动物和其他物体;

（七）修建影响机场电磁环境的建筑物或者设施。

禁止在依法划定的民用机场范围内放养牲畜。

第五十九条　民用机场新建、扩建的公告发布前,在依法划定的民用机场范围内和按照国家规定划定的机场净空保护区域内存在的可能影响飞行安全的建筑物、构筑物、树木、灯光和其他障碍物体,应当在规定的期限内清除;对由此造成的损失,应当给予补偿或者依法采取其他补救措施。

第六十条　民用机场新建、扩建的公告发布后,任何单位和个人违反本法和有关行政法规的规定,在依法划定的民用机场范围内和按照国家规定划定的机场净空保护区域内修建、种植或者设置影响飞行安全的建筑物、构筑物、树木、灯光和其他障碍物体的,由机场所在地县级以上地方人民政府责令清除;由此造成的损失,由修建、种植或者设置该障碍物体的人承担。

第六十一条　在民用机场及其按照国家规定划定的净空保护区域以外,对可能影响飞行安全的高大建筑物或者设施,应当按照国家有关规定设置飞行障碍灯和标志,并使其保持正常状态。

第六十二条　国务院民用航空主管部门规定的对公众开放的民用机场应当取得机场使用许可证,方可开放使用。

其他民用机场应当按照国务院民用航空主管部门的规定进行备案。申请取得机场使用许可证,应当具备下列条件,并按照国家规定经验收合格:

（一）具备与其运营业务相适应的飞行区、航站区、工作区以及服务设施和人员;

（二）具备能够保障飞行安全的空中交通管制、通信导航、气象等设施和人员;

（三）具备符合国家规定的安全保卫条件;

（四）具备处理特殊情况的应急计划以及相应的设施和人员;

（五）具备国务院民用航空主管部门规定的其他条件。

国际机场还应当具备国际通航条件,设立海关和其他口岸检查机关。

第六十三条　民用机场使用许可证由机场管理机构向国务院民用航空主管部门申请,经国务院民用航空主管部门审查批准后颁发。

第六十四条　设立国际机场,由国务院民用航空主管部门报请国务院审查批准。

国际机场的开放使用,由国务院民用航空主管部门对外公告;国际机场资料由国务院民用航空主管部门统一对外提供。

第六十五条　民用机场应当按照国务院民用航空主管部门的规定,采取措施,保证机场内人员和财产的安全。

第六十六条　供运输旅客或者货物的民用航空器使用的民用机场,应当按照国务院民用航空主管部门规定的标准,设置必要设施,为旅客和货物托运人、收货人提供良好服务。

第六十七条　民用机场管理机构应当依照环境保护法律、行政法规的规定,做好机场环境保护工作。

第六十八条　民用航空器使用民用机场及其助航设施的,应当缴纳使用费、服务费;使用费、服务费的收费标准,由国务院民用航空主管部门制定。

第六十九条　民用机场废弃或者改作他用,民用机场管理机构应当依照国家规定办理报批手续。

第七章　空中航行

第一节　空域管理

第七十条　国家对空域实行统一管理。

第七十一条　划分空域,应当兼顾民用航空和国防安全的需要以及公众的利益,使空域得到合理、充分、有效的利用。

第七十二条　空域管理的具体办法,由国务院、中央军事委员会制定。

第二节　飞行管理

第七十三条　在一个划定的管制空域内,由一个空中交通管制单位负责该空域内的航空器的空中交通管制。

第七十四条　民用航空器在管制空域内进行飞行活动,应当取得空中交通管制单位的许可。

第七十五条　民用航空器应当按照空中交通管制单位指定的航路和飞行高度飞行;因故确需偏离指定的航路或者改变飞行高度飞行的,应当取得空中交通管制单位的许可。

第七十六条　在中华人民共和国境内飞行的航空器,必须遵守统一的飞行规则。

进行目视飞行的民用航空器,应当遵守目视飞行规则,并与其他航空器、地面障碍物体保持安全距离。

进行仪表飞行的民用航空器,应当遵守仪表飞行规则。

飞行规则由国务院、中央军事委员会制定。

第七十七条　民用航空器机组人员的飞行时间、执勤时间不得超过国务院民用航空主管部门规定的时限。

民用航空器机组人员受到酒类饮料、麻醉剂或者其他药物的影响,损及工作能力的,不得执行飞行任务。

第七十八条　民用航空器除按照国家规定经特别批准外,不得飞入禁区;除遵守规定的限制条件外,不得飞入限制区。

前款规定的禁区和限制区,依照国家规定划定。

第七十九条　民用航空器不得飞越城市上空,但是,有下列情形之一的除外:

(一)起飞、降落或者指定的航路所必需的;

(二)飞行高度足以使该航空器在发生紧急情况时离开城市上空,而不致危及地面上的人员、财产安全的;

(三)按照国家规定的程序获得批准的。

第八十条　飞行中,民用航空器不得投掷物品,但是,有下列情形之一的除外:

(一)飞行安全所必需的;

(二)执行救助任务或者符合社会公共利益的其他飞行任务所必需的。

第八十一条　民用航空器未经批准不得飞出中华人民共和国领空。

对未经批准正在飞离中华人民共和国领空的民用航空器,有关部门有权根据具体情况采取必要措施,予以制止。

第三节　飞行保障

第八十二条　空中交通管制单位应当为飞行中的民用航空器提供空中交通服务,包括空中交通管制服务、飞行情报服务和告警服务。

提供空中交通管制服务,旨在防止民用航空器同航空器、民用航空器同障碍物体相撞,维持并加速空中交通的有秩序的活动。

提供飞行情报服务,旨在提供有助于安全和有效地实施飞行的情报和建议。提供告警服务,旨在当民用航空器需要搜寻援救时,通知有关部门,并根据要求协助该有关部门进行搜寻援救。

第八十三条　空中交通管制单位发现民用航空器偏离指定航路、迷失航向时,应当迅速采取一切必要措施,使其回归航路。

第八十四条　航路上应当设置必要的导航、通信、气象和地面监视设备。

第八十五条　航路上影响飞行安全的自然障碍物体,应当在航图上标明;航路上影响飞行安全的人工障碍物体,应当设置飞行障碍灯和标志,并使其保持正常状态。

第八十六条　在距离航路边界三十公里以内的地带,禁止修建靶场和其他可能影响飞行安全的设施;但是,平射轻武器靶场除外。

在前款规定地带以外修建固定的或者临时性对空发射场,应当按照国家规定获得批准;对空发射场的发射方向,不得与航路交叉。

第八十七条　任何可能影响飞行安全的活动,应当依法获得批准,并采取确保飞行安全的必要措施,方可进行。

第八十八条　国务院民用航空主管部门应当依法对民用航空无线电台和分配给民用航空系统使用的专用频率实施管理。

任何单位或者个人使用的无线电台和其他仪器、装置,不得妨碍民用航空无线电专用频率的正常使用。对民用航空无线电专用频率造成有害干扰的,有关单位或者个人应当迅速排除干扰;未排除干扰前,应当停止使用该无线电台或者其他仪器、装置。

第八十九条　邮电通信企业应当对民用航空电信传递优先提供服务。

国家气象机构应当对民用航空气象机构提供必要的气象资料。

第九十条　从事飞行的民用航空器,应当携带下列文件:

(一)民用航空器国籍登记证书;

(二)民用航空器适航证书;

(三)机组人员相应的执照;

(四)民用航空器航行记录簿;

(五)装有无线电设备的民用航空器,其无线电台执照;

(六)载有旅客的民用航空器,其所载旅客姓名及其出发地点和目的地点的清单;

(七)载有货物的民用航空器,其所载货物的舱单和明细的申报单;

(八)根据飞行任务应当携带的其他文件。

民用航空器未按规定携带前款所列文件的,国务院民用航空主管部门或者其授权的地区民用航空管理机构可以禁止该民用航空器起飞。

第八章　公共航空运输企业

第九十一条　公共航空运输企业,是指以营利为目的,使用民用航空器运送旅客、行李、邮件或者货物的企业法人。

第九十二条　企业从事公共航空运输,应当向国务院民用航空主管部门申请领取经营许可证。

第九十三条　取得公共航空运输经营许可,应当具备下列条件:

(一)有符合国家规定的适应保证飞行安全要求的民用航空器;

(二)有必需的依法取得执照的航空人员;

(三)有不少于国务院规定的最低限额的注册资本;

(四)法律、行政法规规定的其他条件。

第九十四条　公共航空运输企业的组织形式、组织机构适用公司法的规定。

本法施行前设立的公共航空运输企业,其组织形式、组织机构不完全符合公司法规定的,可以继续沿用原有的规定,适用前款规定的日期由国务院规定。

第九十五条　公共航空运输企业应当以保证飞行安全和航班正常,提供良好服务为准则,采取有效措施,提高运输服务质量。

公共航空运输企业应当教育和要求本企业职工严格履行职责,以文明礼貌、热情周到的服务态度,认真做好旅客和货物运输的各项服务工作。

旅客运输航班延误的,应当在机场内及时通告有关情况。

第九十六条　公共航空运输企业申请经营定期航班运输(以下简称航班运输)的航线,暂停、终止经营航线,应当报经国务院民用航空主管部门批准。

公共航空运输企业经营航班运输,应当公布班期时刻。

第九十七条　公共航空运输企业的营业收费项目,由国务院民用航空主管部门确定。

国内航空运输的运价管理办法,由国务院民用航空主管部门会同国务院物价主管部门制定,报国务院批准后执行。

国际航空运输运价的制定按照中华人民共和国政府与外国政府签订的协定、协议的规定执行;没有协定、协议的,参照国际航空运输市场价格确定。

第九十八条　公共航空运输企业从事不定期运输,应当经国务院民用航空主管部门批准,并不得影响航班运输的正常经营。

第九十九条　公共航空运输企业应当依照国务院制定的公共航空运输安全保卫规定,制定安全保卫方案,并报国务院民用航空主管部门备案。

第一百条　公共航空运输企业不得运输法律、行政法规规定的禁运物品。

公共航空运输企业未经国务院民用航空主管部门批准,不得运输作战军火、作战物资。

禁止旅客随身携带法律、行政法规规定的禁运物品乘坐民用航空器。

第一百零一条　公共航空运输企业运输危险品,应当遵守国家有关规定。

禁止以非危险品品名托运危险品。

禁止旅客随身携带危险品乘坐民用航空器。除因执行公务并按照国家规定经过批准外,禁止旅客携带枪支、管制刀具乘坐民用航空器。禁止违反国务院民用航空主管部门的规定将危险品作为行李托运。

危险品品名由国务院民用航空主管部门规定并公布。

第一百零二条　公共航空运输企业不得运输拒绝接受安全检查的旅客,不得违反国家规定运输未经安全检查的行李。

公共航空运输企业必须按照国务院民用航空主管部门的规定,对承运的货物进行安全检查或者采取其他保证安全的措施。

第一百零三条　公共航空运输企业从事国际航空运输的民用航空器及其所载人员、行李、货物应当接受边防、海关等主管部门的检查;但是,检查时应当避免不必要的延误。

第一百零四条　公共航空运输企业应当依照有关法律、行政法规的规定优先运输邮件。

第一百零五条　公共航空运输企业应当投保地面第三人责任险。

第九章　公共航空运输

第一节　一般规定

第一百零六条　本章适用于公共航空运输企业使用民用航空器经营的旅客、行李或者货物的运输,包括公共航空运输企业使用民用航空器办理的免费运输。

本章不适用于使用民用航空器办理的邮件运输。

对多式联运方式的运输,本章规定适用于其中的航空运输部分。

第一百零七条　本法所称国内航空运输,是指根据当事人订立的航空运输合同,运输的出发地点、约定的经停地点和目的地点均在中华人民共和国境内的运输。

本法所称国际航空运输,是指根据当事人订立的航空运输合同,无论运输有无间断或者有无转运,运输的出发地点、目的地点或者约定的经停地点之一不在中华人民共和国境内的运输。

第二节　运输凭证

第一百零八条　航空运输合同各方认为几个连续的航空运输承运人办理的运输是一项单一业务活动的,无论其形式是以一个合同订立或者数个合同订立,应当视为一项不可分割的运输。

第一百零九条　承运人运送旅客,应当出具客票。旅客乘坐民用航空器,应当交验有效客票。

第一百一十条　客票应当包括的内容由国务院民用航空主管部门规定,至少应当包括以下内容:

(一)出发地点和目的地点;

(二)出发地点和目的地点均在中华人民共和国境内,而在境外有一个或者数个约定的经停地点的,至少注明一个经停地点;

(三)旅客航程的最终目的地点、出发地点或者约定的经停地点之一不在中华人民共和国境内,依照所适用的国际航空运输公约的规定,应当在客票上声明此项运输适用该公约的,客票上应当载有该项声明。

第一百一十一条　客票是航空旅客运输合同订立和运输合同条件的初步证据。

旅客未能出示客票、客票不符合规定或者客票遗失,不影响运输合同的存在或者有效。

在国内航空运输中,承运人同意旅客不经其出票而乘坐民用航空器的,承运人无权援用本法第一百二十八条有关赔偿责任限制的规定。

在国际航空运输中,承运人同意旅客不经其出票而乘坐民用航空器的,或者客票上未依照本法第一百一十条第(三)项的规定声明的,承运人无权援用本法第一百二十九条有关赔偿责任限制的规定。

第一百一十二条　承运人载运托运行李时,行李票可以包含在客票之内或者与客票相结合。除本法第一百一十条的规定外,行李票还应当包括下列内容:

(一)托运行李的件数和重量;

(二)需要声明托运行李在目的地点交付时的利益的,注明声明金额。

行李票是行李托运和运输合同条件的初步证据。旅客未能出示行李票、行李票不符合规定或者行李票遗失,不影响运输合同的存在或者有效。

在国内航空运输中,承运人载运托运行李而不出具行李票的,承运人无权援用本法第一百二十八条有关赔偿责任限制的规定。

在国际航空运输中,承运人载运托运行李而不出具行李票的,或者行李票上未依照本法第一百一十条第(三)项的规定声明的,承运人无权援用本法第一百二十九条有关赔偿责任限制的规定。

第一百一十三条　承运人有权要求托运人填写航空货运单,托运人有权要求承运人接受该航空货运单。托运人未能出示航空货运单、航空货运单不符合规定或者航空货运单遗失,不影响运输合同的存在或者有效。

第一百一十四条　托运人应当填写航空货运单正本一式三份,连同货物交给承运人。

航空货运单第一份注明“交承运人”,由托运人签字、盖章;第二份注明“交收货人”,由托运人和承运人签字、盖章;第三份由承运人在接受货物后签字、盖章,交给托运人。承运人根据托运人的请求填写航空货运单的,在没有相反证据的情况下,应当视为代托运人填写。

第一百一十五条　航空货运单应当包括的内容由国务院民用航空主管部门规定,至少应当包括以下内容:

(一)出发地点和目的地点;

(二)出发地点和目的地点均在中华人民共和国境内,而在境外有一个或者数个约定的经停地点的,至少注明一个经停地点;

(三)货物运输的最终目的地点、出发地点或者约定的经停地点之一不在中华人民共和国境内,依照所适用的国际航空运输公约的规定,应当在货运单上声明此项运输适用该公约的,货运单上应当载有该项声明。

第一百一十六条　在国内航空运输中,承运人同意未经填具航空货运单而载运货物的,承运人无权援用本法第一百二十八条有关赔偿责任限制的规定。

在国际航空运输中,承运人同意未经填具航空货运单而载运货物的,或者航空货运单上未依照本法第一百一十五条第(三)项的规定声明的,承运人无权援用本法第一百二十九条有关赔偿责任限制的规定。

第一百一十七条　托运人应当对航空货运单上所填关于货物的说明和声明的正确性负责。

因航空货运单上所填的说明和声明不符合规定、不正确或者不完全,给承运人或者承运人对之负责的其他人造成损失的,托运人应当承担赔偿责任。

第一百一十八条　航空货运单是航空货物运输合同订立和运输条件以及承运人接受货物的初步证据。

航空货运单上关于货物的重量、尺寸、包装和包装件数的说明具有初步证据的效力。除经过承运人和托运人当面查对并在航空货运单上注明经过查对或者书写关于货物的外表情况的说明外,航空货运单上关于货物的数量、体积和情况的说明不能构成不利于承运人的证据。

第一百一十九条　托运人在履行航空货物运输合同规定的义务的条件下,有权在出发地机场或者目的地机场将货物提回,或者在途中经停时中止运输,或者在目的地点或者途中要求将货物交给非航空货运单上指定的收货人,或者要求将货物运回出发地机场。但是,托运人不得因行使此种权利而使承运人或者其他托运人遭受损失,并应当偿付由此产生的费用。

托运人的指示不能执行的,承运人应当立即通知托运人。

承运人按照托运人的指示处理货物,没有要求托运人出示其所收执的航空货运单,给该航空货运单的合法持有人造成损失的,承运人应当承担责任,但是不妨碍承运人向托运人追偿。

收货人的权利依照本法第一百二十条规定开始时,托运人的权利即告终止;但是,收货人拒绝接受航空货运单或者货物,或者承运人无法同收货人联系的,托运人恢复其对货物的处置权。

第一百二十条　除本法第一百一十九条所列情形外,收货人于货物到达目的地点,并在缴付应付款项和履行航空货运单上所列运输条件后,有权要求承运人移交航空货运单并交付货物。

除另有约定外,承运人应当在货物到达后立即通知收货人。

承运人承认货物已经遗失,或者货物在应当到达之日起七日后仍未到达的,收货人有权向承运人行使航空货物运输合同所赋予的权利。

第一百二十一条　托运人和收货人在履行航空货物运输合同规定的义务的条件下,无论为本人或者他人的利益,可以以本人的名义分别行使本法第一百一十九条和第一百二十条所赋予的权利。

第一百二十二条　本法第一百一十九条、第一百二十条和第一百二十一条的规定,不影响托运人同收货人之间的相互关系,也不影响从托运人或者收货人获得权利的第三人之间的关系。

任何与本法第一百一十九条、第一百二十条和第一百二十一条规定不同的合同条款,应当在航空货运单上载明。

第一百二十三条　托运人应当提供必需的资料和文件,以便在货物交付收货人前完成法律、行政法规规定的有关手续;因没有此种资料、文件,或者此种资料、文件不充足或者不符合规定造成的损失,除由于承运人或者其受雇人、代理人的过错造成的外,托运人应当对承运人承担责任。

除法律、行政法规另有规定外,承运人没有对前款规定的资料或者文件进行检查的义务。

第三节　承运人的责任

第一百二十四条　因发生在民用航空器上或者在旅客上、下民用航空器过程中的事件,造成旅客人身伤亡的,承运人应当承担责任;但是,旅客的人身伤亡完全是由于旅客本人的健康状况造成的,承运人不承担责任。

第一百二十五条 因发生在民用航空器上或者在旅客上、下民用航空器过程中的事件,造成旅客随身携带物品毁灭、遗失或者损坏的,承运人应当承担责任。因发生在航空运输期间的事件,造成旅客的托运行李毁灭、遗失或者损坏的,承运人应当承担责任。

旅客随身携带物品或者托运行李的毁灭、遗失或者损坏完全是由于行李本身的自然属性、质量或者缺陷造成的,承运人不承担责任。

本章所称行李,包括托运行李和旅客随身携带的物品。

因发生在航空运输期间的事件,造成货物毁灭、遗失或者损坏的,承运人应当承担责任;但是,承运人证明货物的毁灭、遗失或者损坏完全是由于下列原因之一造成的,不承担责任:

(一)货物本身的自然属性、质量或者缺陷;

(二)承运人或者其受雇人、代理人以外的人包装货物的,货物包装不良;

(三)战争或者武装冲突;

(四)政府有关部门实施的与货物入境、出境或者过境有关的行为。

本条所称航空运输期间,是指在机场内、民用航空器上或者机场外降落的任何地点,托运行李、货物处于承运人掌管之下的全部期间。

航空运输期间,不包括机场外的任何陆路运输、海上运输、内河运输过程;但是,此种陆路运输、海上运输、内河运输是为了履行航空运输合同而装载、交付或者转运,在没有相反证据的情况下,所发生的损失视为在航空运输期间发生的损失。

第一百二十六条 旅客、行李或者货物在航空运输中因延误造成的损失,承运人应当承担责任;但是,承运人证明本人或者其受雇人、代理人为了避免损失的发生,已经采取一切必要措施或者不可能采取此种措施的,不承担责任。

第一百二十七条 在旅客、行李运输中,经承运人证明,损失是由索赔人的过错造成或者促成的,应当根据造成或者促成此种损失的过错的程度,相应免除或者减轻承运人的责任。旅客以外的其他人就旅客死亡或者受伤提出赔偿请求时,经承运人证明,死亡或者受伤是旅客本人的过错造成或者促成的,同样应当根据造成或者促成此种损失的过错的程度,相应免除或者减轻承运人的责任。

在货物运输中,经承运人证明,损失是由索赔人或者代行权利人的过错造成或者促成的,应当根据造成或者促成此种损失的过错的程度,相应免除或者减轻承运人的责任。

第一百二十八条 国内航空运输承运人的赔偿责任限额由国务院民用航空主管部门制定,报国务院批准后公布执行。

旅客或者托运人在交运托运行李或者货物时,特别声明在目的地点交付时的利益,并在必要时支付附加费的,除承运人证明旅客或者托运人声明的金额高于托运行李或者货物在目的地点交付时的实际利益外,承运人应当在声明金额范围内承担责任;本法第一百二十九条的其他规定,除赔偿责任限额外,适用于国内航空运输。

第一百二十九条 国际航空运输承运人的赔偿责任限额按照下列规定执行:

(一)对每名旅客的赔偿责任限额为 16600 计算单位;但是,旅客可以同承运人书面约定高于本项规定的赔偿责任限额。

(二)对托运行李或者货物的赔偿责任限额,每公斤为 17 计算单位。旅客或者托运人在交运托运行李或者货物时,特别声明在目的地点交付时的利益,并在必要时支付附加费的,除承运人证明旅客或者托运人声明的金额高于托运行李或者货物在目的地点交付时的实际利益外,承运人应当在声明金额范围内承担责任。

托运行李或者货物的一部分或者托运行李、货物中的任何物件毁灭、遗失、损坏或者延误的,用以确定承运人赔偿责任限额的重量,仅为该一包件或者数包件的总重量;但是,因托运行李或者货物的一部分或者托运行李、货物中的任何物件的毁灭、遗失、损坏或者延误,影响同一份行李票或者同一份航空货运单所列其他包件的价值的,确定承运人的赔偿责任限额时,此种包件的总重量也应当考虑在内。

(三)对每名旅客随身携带的物品的赔偿责任限额为 332 计算单位。

第一百三十条　任何旨在免除本法规定的承运人责任或者降低本法规定的赔偿责任限额的条款,均属无效;但是,此种条款的无效,不影响整个航空运输合同的效力。

第一百三十一条　有关航空运输中发生的损失的诉讼,不论其根据如何,只能依照本法规定的条件和赔偿责任限额提出,但是不妨碍谁有权提起诉讼以及他们各自的权利。

第一百三十二条　经证明,航空运输中的损失是由于承运人或者其受雇人、代理人的故意或者明知可能造成损失而轻率地作为或者不作为造成的,承运人无权援用本法第一百二十八条、第一百二十九条有关赔偿责任限制的规定;证明承运人的受雇人、代理人有此种作为或者不作为的,还应当证明该受雇人、代理人是在受雇、代理范围内行事。

第一百三十三条　就航空运输中的损失向承运人的受雇人、代理人提起诉讼时,该受雇人、代理人证明他是在受雇、代理范围内行事的,有权援用本法第一百二十八条、第一百二十九条有关赔偿责任限制的规定。

在前款规定情形下,承运人及其受雇人、代理人的赔偿总额不得超过法定的赔偿责任限额。

经证明,航空运输中的损失是由于承运人的受雇人、代理人的故意或者明知可能造成损失而轻率地作为或者不作为造成的,不适用本条第一款和第二款的规定。

第一百三十四条　旅客或者收货人收受托运行李或者货物而未提出异议,为托运行李或者货物已经完好交付并与运输凭证相符的初步证据。

托运行李或者货物发生损失的,旅客或者收货人应当在发现损失后向承运人提出异议。托运行李发生损失的,至迟应当自收到托运行李之日起七日内提出;货物发生损失的,至迟应当自收到货物之日起十四日内提出。

托运行李或者货物发生延误的,至迟应当自托运行李或者货物交付旅客或者收货人处置之日起二十一日内提出。

任何异议均应当在前款规定的期间内写在运输凭证上或者另以书面提出。

除承运人有欺诈行为外,旅客或者收货人未在本条第二款规定的期间内提出异议的,不能向承运人提出索赔诉讼。

第一百三十五条　航空运输的诉讼时效期间为二年,自民用航空器到达目的地点、应当到达目的地点或者运输终止之日起计算。

第一百三十六条　由几个航空承运人办理的连续运输,接受旅客、行李或者货物的每一个承运人应当受本法规定的约束,并就其根据合同办理的运输区段作为运输合同的订约一方。

对前款规定的连续运输,除合同明文约定第一承运人应当对全程运输承担责任外,旅客或者其继承人只能对发生事故或者延误的运输区段的承运人提起诉讼。

托运行李或者货物的毁灭、遗失、损坏或者延误,旅客或者托运人有权对第一承运人提起诉讼,旅客或者收货人有权对最后承运人提起诉讼,旅客、托运人和收货人均可以对发生毁灭、遗失、损坏或者延误的运输区段的承运人提起诉讼。上述承运人应当对旅客、托运人或者收货人承担连带责任。

第四节 实际承运人履行航空

第一百三十七条 本节所称缔约承运人,是指以本人名义与旅客或者托运人,或者与旅客或者托运人的代理人,订立本章调整的航空运输合同的人。

本节所称实际承运人,是指根据缔约承运人的授权,履行前款全部或者部分运输的人,不是指本章规定的连续承运人;在没有相反证明时,此种授权被认为是存在的。

第一百三十八条 除本节另有规定外,缔约承运人和实际承运人都应当受本章规定的约束。缔约承运人应当对合同约定的全部运输负责。实际承运人应当对其履行的运输负责。

第一百三十九条 实际承运人的作为和不作为,实际承运人的受雇人、代理人在受雇、代理范围内的作为和不作为,关系到实际承运人履行的运输的,应当视为缔约承运人的作为和不作为。

缔约承运人的作为和不作为,缔约承运人的受雇人、代理人在受雇、代理范围内的作为和不作为,关系到实际承运人履行的运输的,应当视为实际承运人的作为和不作为;但是,实际承运人承担的责任不因此种作为或者不作为而超过法定的赔偿责任限额。

任何有关缔约承运人承担本章未规定的义务或者放弃本章赋予的权利的特别协议,或者任何有关依照本法第一百二十八条、第一百二十九条规定所作的在目的地点交付时利益的特别声明,除经实际承运人同意外,均不得影响实际承运人。

第一百四十条 依照本章规定提出的索赔或者发出的指示,无论是向缔约承运人还是向实际承运人提出或者发出的,具有同等效力;但是,本法第一百一十九条规定的指示,只在向缔约承运人发出时,方有效。

第一百四十一条 实际承运人的受雇人、代理人或者缔约承运人的受雇人、代理人,证明他是在受雇、代理范围内行事的,就实际承运人履行的运输而言,有权援用本法第一百二十八条、第一百二十九条有关赔偿责任限制的规定,但是依照本法规定不得援用赔偿责任限制规定的除外。

第一百四十二条 对于实际承运人履行的运输,实际承运人、缔约承运人以及他们的在受雇、代理范围内行事的受雇人、代理人的赔偿总额不得超过依照本法得以从缔约承运人或者实际承运人获得赔偿的最高数额;但是,其中任何人都不承担超过对他适用的赔偿责任限额。

第一百四十三条 对实际承运人履行的运输提起的诉讼,可以分别对实际承运人或者缔约承运人提起,也可以同时对实际承运人和缔约承运人提起;被提起诉讼的承运人有权要求另一承运人参加应诉。

第一百四十四条 除本法第一百四十三条规定外,本节规定不影响实际承运人和缔约承运人之间的权利、义务。

第十章 通用航空

第一百四十五条 通用航空,是指使用民用航空器从事公共航空运输以外的民用航空活动,包括从事工业、农业、林业、渔业和建筑业的作业飞行以及医疗卫生、抢险救灾、气象探测、海洋监测、科学实验、教育训练、文化体育等方面的飞行活动。

第一百四十六条　从事通用航空活动,应当具备下列条件:

(一)有与所从事的通用航空活动相适应,符合保证飞行安全要求的民用航空器;

(二)有必需的依法取得执照的航空人员;

(三)符合法律、行政法规规定的其他条件。

从事经营性通用航空,限于企业法人。

第一百四十七条　从事非经营性通用航空的,应当向国务院民用航空主管部门办理登记。从事经营性通用航空的,应当向国务院民用航空主管部门申请领取通用航空经营许可证。

第一百四十八条　通用航空企业从事经营性通用航空活动,应当与用户订立书面合同,但是紧急情况下的救护或者救灾飞行除外。

第一百四十九条　组织实施作业飞行时,应当采取有效措施,保证飞行安全,保护环境和生态平衡,防止对环境、居民、作物或者牲畜等造成损害。

第一百五十条　从事通用航空活动的,应当投保地面第三人责任险。

第十一章　搜寻援救和事故调查

第一百五十一条　民用航空器遇到紧急情况时,应当发送信号,并向空中交通管制单位报告,提出援救请求;空中交通管制单位应当立即通知搜寻援救协调中心。民用航空器在海上遇到紧急情况时,还应当向船舶和国家海上搜寻援救组织发送信号。

第一百五十二条　发现民用航空器遇到紧急情况或者收听到民用航空器遇到紧急情况的信号的单位或者个人,应当立即通知有关的搜寻援救协调中心、海上搜寻援救组织或者当地人民政府。

第一百五十三条　收到通知的搜寻援救协调中心、地方人民政府和海上搜寻援救组织,应当立即组织搜寻援救。

收到通知的搜寻援救协调中心,应当设法将已经采取的搜寻援救措施通知遇到紧急情况的民用航空器。

搜寻援救民用航空器的具体办法,由国务院规定。

第一百五十四条　执行搜寻援救任务的单位或者个人,应当尽力抢救民用航空器所载人员,按照规定对民用航空器采取抢救措施并保护现场,保存证据。

第一百五十五条　民用航空器事故的当事人以及有关人员在接受调查时,应当如实提供现场情况和与事故有关的情节。

第一百五十六条　民用航空器事故调查的组织和程序,由国务院规定。

第十二章　对地面第三人损害的赔偿责任

第一百五十七条　因飞行中的民用航空器或者从飞行中的民用航空器上落下的人或者物,造成地面(包括水面,下同)上的人身伤亡或者财产损害的,受害人有权获得赔偿;但是,所受损害并非造成损害的事故的直接后果,或者所受损害仅是民用航空器依照国家有关的空中交通规则在空中通过造成的,受害人无权要求赔偿。

前款所称飞行中,是指自民用航空器为实际起飞而使用动力时起至着陆冲程终了时止;就轻于空气的民用航空器而言,飞行中是指自其离开地面时起至其重新着地时止。

第一百五十八条　本法第一百五十七条规定的赔偿责任,由民用航空器的经营人承担。

前款所称经营人,是指损害发生时使用民用航空器的人。民用航空器的使用权已经直接或者间接地授予他人,本人保留对该民用航空器的航行控制权的,本人仍被视为经营人。

经营人的受雇人、代理人在受雇、代理过程中使用民用航空器,无论是否在其受雇、代理范围内行事,均视为经营人使用民用航空器。

民用航空器登记的所有人应当被视为经营人,并承担经营人的责任;除非在判定其责任的诉讼中,所有人证明经营人是他人,并在法律程序许可的范围内采取适当措施使该人成为诉讼当事人之一。

第一百五十九条　未经对民用航空器有航行控制权的人同意而使用民用航空器,对地面第三人造成损害的,有航行控制权的人除证明本人已经适当注意防止此种使用外,应当与该非法使用人承担连带责任。

第一百六十条　损害是武装冲突或者骚乱的直接后果,依照本章规定应当承担责任的人不承担责任。依照本章规定应当承担责任的人对民用航空器的使用权业经国家机关依法剥夺的,不承担责任。

第一百六十一条　依照本章规定应当承担责任的人证明损害是完全由于受害人或者其受雇人、代理人的过错造成的,免除其赔偿责任;应当承担责任的人证明损害是部分由于受害人或者其受雇人、代理人的过错造成的,相应减轻其赔偿责任。但是,损害是由于受害人的受雇人、代理人的过错造成时,受害人证明其受雇人、代理人的行为超出其所授权的范围的,不免除或者不减轻应当承担责任的人的赔偿责任。

一人对另一人的死亡或者伤害提起诉讼,请求赔偿时,损害是该另一人或者其受雇人、代理人的过错造成的,适用前款规定。

第一百六十二条　两个以上的民用航空器在飞行中相撞或者相扰,造成本法第一百五十七条规定的应当赔偿的损害,或者两个以上的民用航空器共同造成此种损害的,各有关民用航空器均应当被认为已经造成此种损害,各有关民用航空器的经营人均应当承担责任。

第一百六十三条　本法第一百五十八条第四款和第一百五十九条规定的人,享有依照本章规定经营人所能援用的抗辩权。

第一百六十四条　除本章有明确规定外,经营人、所有人和本法第一百五十九条规定的应当承担责任的人,以及他们的受雇人、代理人,对于飞行中的民用航空器或者从飞行中的民用航空器上落下的人或者物造成的地面上的损害不承担责任,但是故意造成此种损害的人除外。

第一百六十五条　本章不妨碍依照本章规定应当对损害承担责任的人向他人追偿的权利。

第一百六十六条　民用航空器的经营人应当投保地面第三人责任险或者取得相应的责任担保。

第一百六十七条　保险人和担保人除享有与经营人相同的抗辩权,以及对伪造证件进行抗辩的权利外,对依照本章规定提出的赔偿请求只能进行下列抗辩:

(一)损害发生在保险或者担保终止有效后;然而保险或者担保在飞行中期满的,该项保险或者担保在飞行计划中所载下一次降落前继续有效,但是不得超过二十四小时;

(二)损害发生在保险或者担保所指定的地区范围外,除非飞行超出该范围是由于不可抗力、援助他人所必需,或者驾驶、航行或者领航上的差错造成的。

前款关于保险或者担保继续有效的规定,只在对受害人有利时适用。

第一百六十八条　仅在下列情形下,受害人可以直接对保险人或者担保人提起诉讼,但是不妨碍受害人根据有关保险合同或者担保合同的法律规定提起直接诉讼的权利:

(一)根据本法第一百六十七条第(一)项、第(二)项规定,保险或者担保继续有效的;

(二)经营人破产的。

除本法第一百六十七条第一款规定的抗辩权,保险人或者担保人对受害人依照本章规定提起的直接诉讼不得以保险或者担保的无效或者追溯力终止为由进行抗辩。

第一百六十九条　依照本法第一百六十六条规定提供的保险或者担保,应当被专门指定优先支付本章规定的赔偿。

第一百七十条　保险人应当支付给经营人的款项,在本章规定的第三人的赔偿请求未满足前,不受经营人的债权人的扣留和处理。

第一百七十一条　地面第三人损害赔偿的诉讼时效期间为二年,自损害发生之日起计算;但是,在任何情况下,时效期间不得超过自损害发生之日起三年。

第一百七十二条　本章规定不适用于下列损害:

(一)对飞行中的民用航空器或者对该航空器上的人或者物造成的损害;

(二)为受害人同经营人或者同发生损害时对民用航空器有使用权的人订立的合同所约束,或者为适用两方之间的劳动合同的法律有关职工赔偿的规定所约束的损害;

(三)核损害。

第十三章　对外国民用航空器的特别规定

第一百七十三条　外国人经营的外国民用航空器,在中华人民共和国境内从事民用航空活动,适用本章规定;本章没有规定的,适用本法其他有关规定。

第一百七十四条　外国民用航空器根据其国籍登记国政府与中华人民共和国政府签订的协定、协议的规定,或者经中华人民共和国国务院民用航空主管部门批准或者接受,方可飞入、飞出中华人民共和国领空和在中华人民共和国境内飞行、降落。对不符合前款规定,擅自飞入、飞出中华人民共和国领空的外国民用航空器,中华人民共和国有关机关有权采取必要措施,令其在指定的机场降落;对虽然符合前款规定,但是有合理的根据认为需要对其进行检查的,有关机关有权令其在指定的机场降落。

第一百七十五条　外国民用航空器飞入中华人民共和国领空,其经营人应当提供有关证明书,证明其已经投保地面第三人责任险或者已经取得相应的责任担保;其经营人未提供有关证明书的,中华人民共和国国务院民用航空主管部门有权拒绝其飞入中华人民共和国领空。

第一百七十六条　外国民用航空器的经营人经其本国政府指定,并取得中华人民共和国国务院民用航空主管部门颁发的经营许可证,方可经营中华人民共和国政府与该外国政府签订的协定、协议规定的国际航班运输;外国民用航空器的经营人经其本国政府批准,并获得中华人民共和国国务院民用航空主管部门批准,方可经营中华人民共和国境内一地和境外一地之间的不定期航空运输。

前款规定的外国民用航空器经营人,应当依照中华人民共和国法律、行政法规的规定,制定相应的安全保卫方案,报中华人民共和国国务院民用航空主管部门备案。

第一百七十七条　外国民用航空器的经营人,不得经营中华人民共和国境内两点之间的航空运输。

第一百七十八条　外国民用航空器,应当按照中华人民共和国国务院民用航空主管部门批准的班期时刻或者飞行计划飞行;变更班期时刻或者飞行计划的,其经营人应当获得中华人民共和国国务院民用航空主管部门的批准;因故变更或者取消飞行的,其经营人应当及时报告中华人民共和国国务院民用航空主管部门。

第一百七十九条　外国民用航空器应当在中华人民共和国国务院民用航空主管部门指定的设关机场起飞或者降落。

第一百八十条　中华人民共和国国务院民用航空主管部门和其他主管机关,有权在外国民用航空器降落或者飞出时查验本法第九十条规定的文件。

外国民用航空器及其所载人员、行李、货物,应当接受中华人民共和国有关主管机关依法实施的入境出境、海关、检疫等检查。

实施前两款规定的查验、检查,应当避免不必要的延误。

第一百八十一条　外国民用航空器国籍登记国发给或者核准的民用航空器适航证书、机组人员合格证书和执照,中华人民共和国政府承认其有效;但是,发给或者核准此项证书或者执照的要求,应当等于或者高于国际民用航空组织制定的最低标准。

第一百八十二条　外国民用航空器在中华人民共和国搜寻援救区内遇险,其所有人或者国籍登记国参加搜寻援救工作,应当经中华人民共和国国务院民用航空主管部门批准或者按照两国政府协议进行。

第一百八十三条　外国民用航空器在中华人民共和国境内发生事故,其国籍登记国和其他有关国家可以指派观察员参加事故调查。事故调查报告和调查结果,由中华人民共和国国务院民用航空主管部门告知该外国民用航空器的国籍登记国和其他有关国家。

第十四章　涉外关系的法律适用

第一百八十四条　中华人民共和国缔结或者参加的国际条约同本法有不同规定的,适用国际条约的规定;但是,中华人民共和国声明保留的条款除外。

中华人民共和国法律和中华人民共和国缔结或者参加的国际条约没有规定的,可以适用国际惯例。

第一百八十五条　民用航空器所有权的取得、转让和消灭,适用民用航空器国籍登记国法律。

第一百八十六条　民用航空器抵押权适用民用航空器国籍登记国法律。

第一百八十七条　民用航空器优先权适用受理案件的法院所在地法律。

第一百八十八条　民用航空运输合同当事人可以选择合同适用的法律,但是法律另有规定的除外;合同当事人没有选择的,适用与合同有最密切联系的国家的法律。

第一百八十九条　民用航空器对地面第三人的损害赔偿,适用侵权行为地法律。民用航空器在公海上空对水面第三人的损害赔偿,适用受理案件的法院所在地法律。

第一百九十条　依照本章规定适用外国法律或者国际惯例,不得违背中华人民共和国的社会公共利益。

第十五章 法律责任

第一百九十一条 以暴力、胁迫或者其他方法劫持航空器的,依照刑法有关规定追究刑事责任。

第一百九十二条 对飞行中的民用航空器上的人员使用暴力,危及飞行安全的,依照刑法有关规定追究刑事责任。

第一百九十三条 违反本法规定,隐匿携带炸药、雷管或者其他危险品乘坐民用航空器,或者以非危险品品名托运危险品的,依照刑法有关规定追究刑事责任。

企业事业单位犯前款罪的,判处罚金,并对直接负责的主管人员和其他直接责任人员依照前款规定追究刑事责任。

隐匿携带枪支子弹、管制刀具乘坐民用航空器的,依照刑法有关规定追究刑事责任。

第一百九十四条 公共航空运输企业违反本法第一百零一条的规定运输危险品的,由国务院民用航空主管部门没收违法所得,可以并处违法所得一倍以下的罚款。

公共航空运输企业有前款行为,导致发生重大事故的,没收违法所得,判处罚金;并对直接负责的主管人员和其他直接责任人员依照刑法有关规定追究刑事责任。

第一百九十五条 故意在使用中的民用航空器上放置危险品或者唆使他人放置危险品,足以毁坏该民用航空器,危及飞行安全的,依照刑法有关规定追究刑事责任。

第一百九十六条 故意传递虚假情报,扰乱正常飞行秩序,使公私财产遭受重大损失的,依照刑法有关规定追究刑事责任。

第一百九十七条 盗窃或者故意损毁、移动使用中的航行设施,危及飞行安全,足以使民用航空器发生坠落、毁坏危险的,依照刑法有关规定追究刑事责任。

第一百九十八条 聚众扰乱民用机场秩序的,依照刑法有关规定追究刑事责任。

第一百九十九条 航空人员玩忽职守,或者违反规章制度,导致发生重大飞行事故,造成严重后果的,依照刑法有关规定追究刑事责任。

第二百条 违反本法规定,尚不够刑事处罚,应当给予治安管理处罚的,依照治安管理处罚法的规定处罚。

第二百零一条 违反本法第三十七条的规定,民用航空器无适航证书而飞行,或者租用的外国民用航空器未经国务院民用航空主管部门对其原国籍登记国发给的适航证书审查认可或者另发适航证书而飞行的,由国务院民用航空主管部门责令停止飞行,没收违法所得,可以并处违法所得一倍以上五倍以下的罚款;没有违法所得的,处以十万元以上一百万元以下的罚款。适航证书失效或者超过适航证书规定范围飞行的,依照前款规定处罚。

第二百零二条 违反本法第三十四条、第三十六条第二款的规定,将未取得型号合格证书、型号认可证书的民用航空器及其发动机、螺旋桨或者民用航空器上的设备投入生产的,由国务院民用航空主管部门责令停止生产,没收违法所得,可以并处违法所得一倍以下的罚款;没有违法所得的,处以五万元以上五十万元以下的罚款。

第二百零三条 违反本法第三十五条的规定,未取得生产许可证书、维修许可证书而从事生产、维修活动的,违反本法第九十二条、第一百四十七条第二款的规定,未取得公共航空运输经营许可证或者通用航空经营许可证而从事公共航空运输或者从事经营性通用航空的,国务院民用航空主管部门可以责令停止生产、维修或者经营活动。

第二百零四条　已取得本法第三十五条规定的生产许可证书、维修许可证书的企业,因生产、维修的质量问题造成严重事故的,国务院民用航空主管部门可以吊销其生产许可证书或者维修许可证书。

第二百零五条　违反本法第四十条的规定,未取得航空人员执照、体格检查合格证书而从事相应的民用航空活动的,由国务院民用航空主管部门责令停止民用航空活动,在国务院民用航空主管部门规定的限期内不得申领有关执照和证书,对其所在单位处以二十万元以下的罚款。

第二百零六条　有下列违法情形之一的,由国务院民用航空主管部门对民用航空器的机长给予警告或者吊扣执照一个月至六个月的处罚,情节较重的,可以给予吊销执照的处罚:

(一)机长违反本法第四十五条第一款的规定,未对民用航空器实施检查而起飞的;

(二)民用航空器违反本法第七十五条的规定,未按照空中交通管制单位指定的航路和飞行高度飞行,或者违反本法第七十九条的规定飞越城市上空的。

第二百零七条　违反本法第七十四条的规定,民用航空器未经空中交通管制单位许可进行飞行活动的,由国务院民用航空主管部门责令停止飞行,对该民用航空器所有人或者承租人处以一万元以上十万元以下的罚款;对该民用航空器的机长给予警告或者吊扣执照一个月至六个月的处罚,情节较重的,可以给予吊销执照的处罚。

第二百零八条　民用航空器的机长或者机组其他人员有下列行为之一的,由国务院民用航空主管部门给予警告或者吊扣执照一个月至六个月的处罚;有第(二)项或者第(三)项所列行为的,可以给予吊销执照的处罚:

(一)在执行飞行任务时,不按照本法第四十一条的规定携带执照和体格检查合格证书的;

(二)民用航空器遇险时,违反本法第四十八条的规定离开民用航空器的;

(三)违反本法第七十七条第二款的规定执行飞行任务的。

第二百零九条　违反本法第八十条的规定,民用航空器在飞行中投掷物品的,由国务院民用航空主管部门给予警告,可以对直接责任人员处以二千元以上二万元以下的罚款。

第二百一十条　违反本法第六十二条的规定,未取得机场使用许可证开放使用民用机场的,由国务院民用航空主管部门责令停止开放使用;没收违法所得,可以并处违法所得一倍以下的罚款。

第二百一十一条　公共航空运输企业、通用航空企业违反本法规定,情节较重的,除依照本法规定处罚外,国务院民用航空主管部门可以吊销其经营许可证。

第二百一十二条　国务院民用航空主管部门和地区民用航空管理机构的工作人员,玩忽职守、滥用职权、徇私舞弊,构成犯罪的,依法追究刑事责任;尚不构成犯罪的,依法给予行政处分。

第十六章　附　则

第二百一十三条　本法所称计算单位,是指国际货币基金组织规定的特别提款权;其人民币数额为法院判决之日、仲裁机构裁决之日或者当事人协议之日,按照国家外汇主管机关规定的国际货币基金组织的特别提款权对人民币的换算办法计算得出的人民币数额。

第二百一十四条　国务院、中央军事委员会对无人驾驶航空器的管理另有规定的,从其规定。

第二百一十五条　本法自 1996 年 3 月 1 日起施行。

附录 4　《无人驾驶航空器飞行管理暂行条例(征求意见稿)》

第一章　总则

第一条　为了规范无人驾驶航空器飞行以及相关活动,保障飞行管理工作顺利高效开展,制定本条例。

第二条　在中华人民共和国境内辖有无人驾驶航空器系统的单位、个人和与无人驾驶航空器飞行有关的人员及其相关活动,应当遵守本条例。

第三条　无人驾驶航空器飞行管理工作,以习近平新时代中国特色社会主义思想为指导,坚持军民融合、管放结合、空地联合,实施全生命周期设计、全类别覆盖、全链条管理,维护国家安全、公共安全、飞行安全,促进无人驾驶航空器产业及相关领域健康有序发展。

第四条　无人驾驶航空器飞行管理应当坚持安全为要,降低飞行活动风险;坚持需求牵引,适应行业创新发展;坚持分类施策,统筹资源配置利用;坚持齐抓共管,形成严密管控格局。

第五条　本条例所称无人驾驶航空器,是指机上没有驾驶员进行操作的航空器,包括遥控驾驶航空器、自主航空器、模型航空器等。

遥控驾驶航空器和自主航空器统称无人机。

第六条　国务院、中央军委空中交通管制委员会领导全国无人驾驶航空器飞行管理工作,通过无人驾驶航空器管理部际联席工作机制,协调解决管理工作中出现的重大问题。各单位各部门依据有关规定负责无人驾驶航空器相关管理工作。

第七条　模型航空器管理规则,由国务院体育行政部门会同空军、国务院民用航空主管部门、国务院公安部门等单位参照本条例另行制定。

第二章　无人机系统

第八条　无人机分为国家无人机和民用无人机。民用无人机,指用于民用航空活动的无人机;国家无人机,指用于民用航空活动之外的无人机,包括用于执行军事、海关、警察等飞行任务的无人机。根据运行风险大小,民用无人机分为微型、轻型、小型、中型、大型。其中:微型无人机,是指空机重量小于 0.25 千克,设计性能同时满足飞行真高不超过 50 米、最大飞行速度不超过 40 千米/小时、无线电发射设备符合微功率短距离无线电发射设备技术要求的遥控驾驶航空器。轻型无人机,是指同时满足空机重量不超过 4 千克,最大起飞重量不超过 7 千克,最大飞行速度不超过 100 千米/小时,具备符合空域管理要求的空域保持能力和可靠被监视能力的遥控驾驶航空器,但不包括微型无人机。

小型无人机,是指空机重量不超过 15 千克或者最大起飞重量不超过 25 千克的无人机,但不包括微型、轻型无人机。

中型无人机,是指最大起飞重量超过 25 千克不超过 150 千克,且空机重量超过 15 千克的无人机。

大型无人机,是指最大起飞重量超过 150 千克的无人机。

第九条　无人机生产企业规范、产品制造标准、产品安全性,应当符合相关规定。

中型、大型无人机,应当进行适航管理。微型、轻型、小型无人机投放市场前,应当完成产品认证;投放市场后,发现存在缺陷的,其生产者、进口商应当依法实施召回。

第十条　销售除微型无人机以外的民用无人机的单位、个人应当向公安机关备案,并核实记录购买单位、个人的相关信息,定期向公安机关报备。

购买除微型无人机以外的民用无人机的单位、个人应当通过实名认证,配合做好相关信息核实。

第十一条　民用无人机登记管理包括实名注册登记、国籍登记。

除微型无人机以外的民用无人机应当向民用航空管理机构实名注册登记,根据有关规则进行国籍登记。登记管理相关信息,民用航空管理机构应当与军民航空管、公安、工业和信息化等部门共享。

民用无人机登记信息发生变化时,其所有人应当及时变更;发生遗失、被盗、报废时,应当及时申请注销。

第十二条　使用民用无人机从事商业活动应当取得经营许可。

第十三条　民用无人机应当具有唯一身份标识编码;除微型无人机以外的民用无人机飞行,应当按照要求自动报送身份标识编码或者其他身份标识。

第十四条　具备遥测、遥控和信息传输等功能的民用无人机无线电发射设备,其工作频率、功率等技术指标应当符合国家无线电管理相关规定。

第十五条　民用无人机生产者应当在微型、轻型无人机的外包装显著标明守法运行说明和防范风险提示,在机体标注无人机类别。

第十六条　从事小型、中型、大型无人机飞行活动和利用轻型无人机从事商业活动的单位或者个人,应当强制投保第三者责任险。

第十七条　国家无人机的分类、定型、登记、识别、保险等管理办法,由相关部门另行制定。

第十八条　无人机、无人机系统技术的进出口应当遵守中华人民共和国相关法律法规。个人携带或者寄递民用无人机入境,应当遵守相关管理规定。

第十九条　为维护国家安全、公共安全、飞行安全,保障重大任务,处置突发事件,军队、武警部队、公安机关和国家安全机关可以配备和依法使用无人机反制设备。无线电技术性阻断反制设备的使用,需经无线电管理机构批准。

第三章　无人机驾驶员

第二十条　轻型无人机驾驶员应当年满14周岁,未满14周岁应当有成年人现场监护;小型无人机驾驶员应当年满16周岁;中型、大型无人机驾驶员应当年满18周岁。

第二十一条　民用无人机驾驶员培训包括安全操作培训和行业培训。

安全操作培训包括理论培训和操作培训,理论培训包含航空法律法规和相关理论知识,操作培训包含基本操作和应急操作。安全操作培训管理由国务院民用航空主管部门负责。行业主管部门对民用无人机行业应用有特殊要求的,可实施行业培训,行业培训包括任务特点、任务要求和特殊操控等培训。培训管理由行业主管部门负责。

第二十二条　操控微型无人机的人员需掌握运行守法要求。驾驶轻型无人机在相应适飞空域飞行,需掌握运行守法要求和风险警示,熟悉操作说明;超出适飞空域飞行,需参加安全操作培训的理论培训部分,并通过考试取得理论培训合格证。

独立操作的小型、中型、大型无人机,其驾驶员应当取得安全操作执照。分布式操作的无人机系统或者集群,其操作者个人无需取得安全操作执照,组织飞行活动的单位或者个人以及管理体系应当接受安全审查并取得安全操作合格证。

第二十三条　国家无人机驾驶员管理办法,由相关部门另行制定。

第二十四条　驾驶员应当接受民用航空管理机构、飞行管制部门以及公安机关进行的身份和资质查验。

第二十五条　因故意犯罪曾经受到刑事处罚的人员,不得担任中型、大型无人机驾驶员。

第四章　飞行空域

第二十六条　无人机飞行空域划设应当遵循统筹配置、灵活使用、安全高效原则,充分考虑国家安全、社会效益和公众利益,科学区分不同类型无人机飞行特点,以隔离运行为主、兼顾部分混合飞行需求,明确飞行空域的水平、垂直范围和使用时限。

第二十七条　未经批准,微型无人机禁止在以下空域飞行:

(一)真高 50 米以上空域;

(二)空中禁区以及周边 2 000 米范围;

(三)空中危险区以及周边 1 000 米范围;

(四)机场、临时起降点围界内以及周边 2 000 米范围的上方;

(五)国界线、边境线到我方一侧 2 000 米范围的上方;

(六)军事禁区以及周边 500 米范围的上方,军事管理区、设区的市级(含)以上党政机关、监管场所以及周边 100 米范围的上方;

(七)射电天文台以及周边 3 000 米范围的上方,卫星地面站(含测控、测距、接收、导航站)等需要电磁环境特殊保护的设施以及周边 1 000 米范围的上方,气象雷达站以及周边 500 米范围的上方;

(八)生产、储存易燃易爆危险品的大型企业和储备可燃重要物资的大型仓库、基地以及周边 100 米范围的上方,发电厂、变电站、加油站和大型车站、码头、港口、大型活动现场以及周边 50 米范围的上方,高速铁路以及两侧 100 米范围的上方,普通铁路和省级以上公路以及两侧 50 米范围的上方;

(九)军航超低空飞行空域。

上述微型无人机禁止飞行空域由省级人民政府会同战区确定具体范围,由设区的市级人民政府设置警示标志或者公开相应范围。警示标志设计,由国务院民用航空主管部门负责。

第二十八条　划设以下空域为轻型无人机管控空域:

(一)真高 120 米以上空域;

(二)空中禁区以及周边 5 000 米范围;

(三)空中危险区以及周边 2 000 米范围;

(四)军用机场净空保护区,民用机场障碍物限制面水平投影范围的上方;

(五)有人驾驶航空器临时起降点以及周边 2 000 米范围的上方;

(六)国界线到我方一侧 5 000 米范围的上方,边境线到我方一侧 2 000 米范围的上方;

(七)军事禁区以及周边 1 000 米范围的上方,军事管理区、设区的市级(含)以上党政机关、核电站、监管场所以及周边 200 米范围的上方;

(八)射电天文台以及周边 5 000 米范围的上方,卫星地面站(含测控、测距、接收、导航站)

等需要电磁环境特殊保护的设施以及周边 2 000 米范围的上方,气象雷达站以及周边 1 000 米范围的上方;

(九)生产、储存易燃易爆危险品的大型企业和储备可燃重要物资的大型仓库、基地以及周边 150 米范围的上方,发电厂、变电站、加油站和中大型车站、码头、港口、大型活动现场以及周边 100 米范围的上方,高速铁路以及两侧 200 米范围的上方,普通铁路和国道以及两侧 100 米范围的上方;

(十)军航低空、超低空飞行空域;

(十一)省级人民政府会同战区确定的管控空域。

未经批准,轻型无人机禁止在上述管控空域飞行。管控空域外,无特殊情况均划设为轻型无人机适飞空域。

植保无人机适飞空域,位于轻型无人机适飞空域内,真高不超过 30 米,且在农林牧区域的上方。

第二十九条 每年 10 月 31 日前,省级人民政府汇总各方需求并商所在战区后,向有关飞行管制部门提出轻型无人机空域划设申请;11 月 30 日前,负责审批的飞行管制部门应予批复,并通报相关民用航空情报服务机构;12 月 15 日前,省级人民政府发布行政管辖范围内空域划设信息,国务院民用航空主管部门收集并统一发布全国空域划设信息;翌年 1 月 1 日起,发布的空域生效,有效期 1 年。

临时关闭部分轻型无人机适飞空域,由省级(含)以上人民政府或者军级(含)以上单位提出申请,飞行管制部门根据权限进行审批,并通报相关民用航空情报服务机构。临时关闭期限通常不超过 72 小时,由省级人民政府于关闭生效时刻 24 小时前发布。遇有重大活动和紧急突发情况时,飞行管制部门根据需要可以临时关闭部分轻型无人机适飞空域,通常在生效时刻前 1 小时发布。

第三十条 无人机通常与有人驾驶航空器隔离运行,划设隔离空域,并保持一定间隔。已发布的轻型无人机适飞空域不影响隔离空域的划设。符合下列条件之一的,可不划设隔离空域:

(一)执行特殊任务的国家无人机飞行;

(二)经过充分安全认证的中型、大型无人机飞行;

(三)轻型无人机在适飞空域上方不超过飞行安全高度飞行;

(四)具备可靠被监视和空域保持能力的小型无人机在轻型无人机适飞空域及上方不超过飞行安全高度飞行。

第三十一条 飞行安全高度及以上、跨越飞行安全高度的隔离空域间隔,应当高于现行空域间隔规定;低于飞行安全高度的隔离空域间隔,可以适当低于现行空域间隔规定。

第三十二条 隔离空域申请,由申请人在拟使用隔离空域 7 个工作日前,向有关飞行管制部门提出;负责批准该隔离空域的飞行管制部门应当在拟使用隔离空域 3 个工作日前作出批准或者不予批准的决定,并通知申请单位或者个人。

申请内容主要包括:使用单位或者个人,无人机类型及主要性能,飞行活动性质,隔离空域使用时间、水平范围、垂直范围,起降区域或者坐标,飞入飞出隔离空域方法,登记管理的信息等。

第三十三条 划设无人机隔离空域,按照下列规定的权限批准:

（一）在飞行管制分区内划设的，由负责该分区飞行管制的部门批准；

（二）超出飞行管制分区在飞行管制区内划设的，由负责该管制区飞行管制的部门批准；

（三）在飞行管制区间划设的，由空军批准。

批准划设隔离空域的部门应当将划设的隔离空域报上一级飞行管制部门备案，并通报有关单位。

第三十四条　无人机隔离空域的使用期限，应当根据飞行的性质和需要确定，通常不得超过 12 个月。

因飞行任务需要延长隔离空域使用期限的，应当报经批准该隔离空域的飞行管制部门同意。

隔离空域飞行活动全部结束后，空域申请人应当及时报告有关飞行管制部门，其申请划设的隔离空域即行撤销。

已划设的隔离空域，经飞行管制部门同意后，其他单位或者个人也可以使用。

第三十五条　国家无人机执行飞行任务时，拥有空域优先使用权。

第五章　飞行运行

第三十六条　国家统筹建立具备监视和必要管控功能的无人机综合监管平台，民用无人机飞行动态信息与公安机关共享。国务院公安部门建立民用无人机公共安全监管系统。

第三十七条　从事无人机飞行活动的单位或者个人实施飞行前，应当向当地飞行管制部门提出飞行计划申请，经批准后方可实施。飞行计划申请应当于飞行前 1 日 15 时前，向所在机场或者起降场地所在的飞行管制部门提出；飞行管制部门应当于飞行前 1 日 21 时前批复。

国家无人机在飞行安全高度以下遂行作战战备、反恐维稳、抢险救灾等飞行任务，可适当简化飞行计划审批流程。

微型无人机在禁止飞行空域外飞行，无需申请飞行计划。轻型、植保无人机在相应适飞空域飞行，无需申请飞行计划，但需向综合监管平台实时报送动态信息。

第三十八条　无人机飞行计划内容通常包括：

（一）组织该次飞行活动的单位或者个人；

（二）飞行任务性质；

（三）无人机类型、架数；

（四）通信联络方法；

（五）起飞、降落和备降机场（场地）；

（六）预计飞行开始、结束时刻；

（七）飞行航线、高度、速度和范围，进出空域方法；

（八）指挥和控制频率；

（九）导航方式，自主能力；

（十）安装二次雷达应答机的，注明二次雷达应答机代码申请；

（十一）应急处置程序；

（十二）其他特殊保障需求。

有特殊要求的，应当提交有效任务批准文件和必要资质证明。

第三十九条　无人机飞行计划按照下列规定权限批准：

（一）在机场区域内的，由负责该机场飞行管制的部门批准；

（二）超出机场区域在飞行管制分区内的，由负责该分区飞行管制的部门批准；

（三）超出飞行管制分区在飞行管制区内的，由负责该区域飞行管制的部门批准；

（四）超出飞行管制区的，由空军批准。

第四十条　使用无人机执行反恐维稳、抢险救灾、医疗救护或者其他紧急任务的，可以提出临时飞行计划申请。临时飞行计划申请最迟应当于起飞 30 分钟前提出，飞行管制部门应当在起飞 15 分钟前批复。

第四十一条　申请并获得批准的无人机飞行计划，组织该次飞行活动的单位或者个人应当在无人机起飞 1 小时前向飞行管制部门报告计划开飞时刻和简要准备情况，经放飞许可方可飞行；飞行中实时掌握无人机飞行动态，保持与飞行管制部门通信联络畅通；飞行结束后，及时报告飞行实施情况。

第四十二条　隔离空域内飞行，无人机之间飞行间隔应当不低于现行飞行间隔规定。

第四十三条　隔离空域外飞行，无人机之间、无人机与有人驾驶航空器之间应当保持一定间隔。执行特殊任务的国家无人机或者经充分安全认证的中型、大型无人机，可与有人驾驶航空器混合飞行，无人机之间、无人机与有人驾驶航空器之间的飞行间隔，均不低于现行飞行间隔规定。

轻型无人机在适飞空域上方不超过飞行安全高度飞行，小型无人机在轻型无人机适飞空域及上方不超过飞行安全高度的飞行，且同时满足下列条件的，无人机之间、无人机与有人驾驶航空器之间的飞行间隔不高于现行飞行间隔规定：

（一）能够按要求自动向综合监管平台报送信息，包括位置、高度、速度、身份标识；

（二）遥控站（台）与无人机、飞行管制部门保持持续稳定的双向通信联络；

（三）航线保持精度上下各 50 米、左右各 1 000 米以内；

（四）能够自动按照预先设定的飞行航线和高度自主返航或者备降。

轻型无人机在适飞空域上方不超过飞行安全高度飞行，小型无人机在轻型无人机适飞空域及上方不超过飞行安全高度的飞行，不能同时满足上述条件的，无人机之间、无人机与有人驾驶航空器之间的飞行间隔不低于现行飞行间隔规定。

第四十四条　无人机飞行应当避让有人驾驶航空器飞行。轻型、植保无人机通常在相应适飞空域飞行，并主动避让有人驾驶航空器、国家无人机和小型、中型、大型无人机飞行；微型无人机飞行，应当保持直接目视接触，主动避让其他航空器飞行。

除执行特殊任务的国家无人机外，夜间飞行的无人机应当开启警示灯并确保处于良好状态。

未经飞行管制部门批准，禁止轻型无人机在适飞空域从事货物运输，禁止在移动的车辆、船舶、航空器上（内）驾驶除微型无人机以外的无人机。

第四十五条　在我国境内，禁止境外无人机或者由境外人员单独驾驶的境内无人机从事测量勘查以及对敏感区域进行拍摄等飞行活动。发现其违法飞行，飞行管制部门责令立即停止飞行，并通报外事、公安等部门及时处置。

第四十六条　与无人机飞行有关的单位、个人负有保证飞行安全的责任，应当遵守有关规章制度，积极采取预防事故措施，保证飞行安全。

微型无人机飞行，轻型、植保无人机在相应适飞空域飞行，两个及以上单位或者个人在同一隔离空域内飞行,无人机与有人驾驶航空器混合飞行,安全责任均由组织该次飞行活动的单位或者个人承担;其他飞行,安全责任依照相关规定执行。

第四十七条 无人机飞行发生特殊情况,组织该次飞行活动的单位或者个人作为飞行安全的责任主体,有权作出及时正确处置,并遵从军民航空管部门指令。组织民用无人机飞行的单位或者个人,应当在降落后 24 小时内向民用航空管理机构提交书面报告。

对空中不明情况和违法违规飞行,军队应当迅速组织空中查证处置,公安机关应当迅速组织地面查证处置,其他相关部门应当予以配合。

第四十八条 飞行空域和计划的审批情况应当接受社会和用户监督。各级空域管理部门应当主动提供单位名称、申请流程、联络方法、监督方式,国务院民用航空主管部门、省级人民政府负责发布,遇有变化及时更新。

第六章 法律责任

第四十九条 对未按照适航管理规定设计、生产、销售、使用民用无人机的,由民用航空管理机构责令停止相关活动,处以 10 万元以上 100 万元以下罚款,如有违法所得,没收违法所得,并处违法生产产品货值金额 1 倍以上 5 倍以下的罚款;情节严重的,由相关部门吊销营业执照。

对未经产品认证擅自出厂、销售民用无人机的,由产品质量监督部门责令改正,处以 5 万元以上 20 万元以下罚款,如有违法所得,没收违法所得。

对私自改造无人机飞行控制系统,破坏空域保持和被监视能力,改变速度、高度、无线电发射功率等性能的行为,由工业和信息化部门、民用航空管理机构、产品质量监督部门等给予警告,暂扣或者吊销经营许可证、飞行合格证或者执照,并处以 2 万元以上 20 万元以下罚款。

第五十条 销售民用无人机的单位、个人未按照规定进行备案的,由公安机关责令改正,暂扣涉事无人机。销售民用无人机的单位、个人未按照规定核实记录购买单位、个人信息的,由公安机关对轻型、小型无人机销售单位、个人处以 1 千元以上 1 万元以下罚款,对中型、大型无人机销售单位、个人处以 5 千元以上 5 万元以下罚款。

第五十一条 未按照规定进行民用无人机实名注册登记从事飞行活动的,由军民航空管部门责令停止飞行。民用航空管理机构对从事轻型、小型无人机飞行活动的单位或者个人处以 2 千元以上 2 万元以下罚款,对从事中型、大型无人机飞行活动的单位或者个人处以 5 千元以上 10 万元以下罚款。

未按照规定进行民用无人机国籍登记从事飞行活动的,由军民航空管部门责令停止飞行。民用航空管理机构对从事轻型、小型无人机飞行活动的单位或者个人处以 1 万元以上 10 万元以下罚款,对从事中型、大型无人机飞行活动的单位或者个人处以 10 万元以上 50 万元以下罚款;如有违法所得,没收违法所得,并处违法所得 1 倍以上 5 倍以下的罚款。

第五十二条 违反规定携带或者寄递民用无人机入境的,由海关暂扣涉事无人机,并对携带或者寄递轻型、小型无人机的单位或者个人处以 5 千元以上 10 万元以下罚款,对携带或者寄递中型、大型无人机的单位或者个人处以 5 万元以上 50 万元以下罚款。

第五十三条 未满 14 周岁且无成年人现场监护而驾驶轻型无人机飞行的,由民用航空管理机构处以 200 元以上 500 元以下罚款。

未按照规定取得民用无人机驾驶员合格证或者执照驾驶民用无人机的,由民用航空管理机构处以 5 千元以上 10 万元以下罚款。超出合格证或者执照载明范围驾驶无人机的,由民用航空管理机构暂扣合格证或者执照 6 个月以上 1 年以下,并处以 3 万元以上 20 万元以下罚款。

第五十四条 违反本条例规定,未经批准飞入空中禁区的,由有关部门按照国家有关规定处置。违反本条例规定有下列情形之一的,由有关部门按照职责分工责令改正,给予警告;情节较重的,处以 1 万元以上 5 万元以下罚款,并可给予责令停飞 1 个月至 3 个月以及暂扣经营许可证、驾驶员合格证或者执照的处罚;情节严重的,处以 5 万元以上 20 万元以下罚款,并可给予责令停飞 2 个月至 1 年以及暂扣直至吊销经营许可证、驾驶员合格证或者执照的处罚;造成重大事故或者严重后果的,吊销经营许可证、驾驶员合格证或者执照,2 年内不受理其航空相关许可证书申请。

(一)未按照规定避让有人驾驶航空器飞行的;

(二)违反飞行限制条件飞行的;

(三)未经批准擅自飞行的;

(四)未按批准的飞行计划飞行的;

(五)未按要求及时报告或者漏报飞行动态的;

(六)未经批准飞入空中危险区或者除空中禁区以外其他不允许飞行空域的;

(七)发生影响飞行安全的特殊情况不及时采取措施,或者处置不当的;

(八)不服从管制指挥指令的。

第五十五条 国家无人机执行飞行任务发生违法违规行为的处罚办法,由相关部门另行制定。

第五十六条 违反本条例规定,构成违反治安管理行为或者其他行政违法行为的,依法给予治安管理处罚或者其他行政处罚;构成犯罪的,依法追究刑事责任。

对违反本条例规定的单位、个人,纳入社会信用管理系统,实施失信联合惩戒,同时将涉企行政许可、行政处罚等信息记于企业名下并在国家企业信用信息公示系统公示。

第七章 附 则

第五十七条 民用无人机飞行管理及其相关活动,本条例没有规定的,适用《中华人民共和国民用航空法》《中华人民共和国飞行基本规则》《通用航空飞行管制条例》《中华人民共和国无线电管理条例》以及有关法律法规。

国家无人机飞行管理及其相关活动,本条例没有规定的,适用《中华人民共和国飞行基本规则》、《中华人民共和国无线电管理条例》以及有关法律法规。

第五十八条 本条例下列用语的含义:

模型航空器,是指重于空气、有尺寸和重量限制、不载人,不具有控制链路回传遥控站(台)功能或者自主飞行功能,仅限在操纵员目视视距内飞行或者借助回传图像进行第一视角遥控操纵飞行的无人驾驶航空器,包括自由飞、线控、无线电遥控模型航空器。

遥控驾驶航空器,是指通过遥控站(台)驾驶的无人驾驶航空器,但不包括模型航空器。

自主航空器,是指在飞行过程中,驾驶员全程或者阶段无法介入控制的无人驾驶航空器。

遥控站(台),是指遥控驾驶航空器的各种操控设备(手段)以及相关系统组成的整体。

空机重量,是指无人机机体、电池、燃料容器等固态装置重量总和,不含填充燃料和任务载荷的重量。

最大起飞重量,是指受设计或者运行限制,无人机正常起飞所容许的最大重量。

空域保持能力,是指具有高度与水平范围的控制能力。

无人机系统,是指无人机以及与其相关的遥控站(台)、任务载荷和控制链路等组成的系统。

植保无人机,是指设计性能同时满足飞行真高不超过 30 米、最大飞行速度不超过 50 千米/小时、最大飞行半径不超过 2 000 米、最大起飞重量不超过 150 千克,具备可靠被监视能力和空域保持能力,专门用于农林牧植保作业的遥控驾驶航空器。

分布式操作,是指把无人机系统操作分解为多个子业务,部署在多个站点或者终端进行协同操作的模式,不要求个人具备对无人机系统的完全操作能力。

混合飞行,是指无人机与有人驾驶航空器在同一空域内的飞行。

隔离空域,是指专门为无人机飞行划设的空域。

飞行安全高度,是指避免航空器与地面障碍物相撞的最低飞行高度。

第五十九条　本条例于××××年×月×日起施行。

附录 5 《民用无人机空中交通管理办法》

为了加强对民用无人机飞行活动的管理,规范其空中交通管理的办法,保证民用航空活动的安全,现将有关民用无人机空中交通管理的有关问题规定如下:

一、民用无人机应当依法从事工业、农业、林业、渔业、矿业、建筑业的作业飞行和医疗卫生、抢险救灾、气象探测、海洋检测、科学实验、遥感测绘、教育训练、文化体育、旅游观光等方面的飞行活动。

二、民用无人机活动及其空中交通管理应当遵守相关法规和规定,其中包括《中华人民共和国民用航空法》《中华人民共和国飞行基本规则》《通用航空飞行管制条例》及民航局规章等。

三、组织实施民用无人机活动的单位和个人应当按照《通用航空飞行管制条例》等规定申请划设和使用空域,接受飞行活动管理和空中交通服务,保证飞行安全。

四、为了避免对运输航空飞行安全的影响,未经地区管理局批准,禁止在民用运输机场飞行空域内从事无人机飞行活动。申请划设民航无人机临时飞行空域时,应当避免与其他载人民用航空器在同一空域内飞行。

五、由于无人机飞行过程中无执行任务机长,为了保证飞行安全,由无人机操控人员承担规定的机长权利和责任,并应当在飞行计划申请时明确无人机操控人员。

六、组织实施民用无人机活动的单位或者个人应当具备监控或者掌握其无人机飞行动态的手段,同时在飞行活动过程中与相关管制单位建立可靠的通信联系,及时通报情况,接受空中交通管制。发生无人机飞行活动不正常情况,并且可能影响飞行安全和公共安全时,组织实施民用无人机活动的单位或者个人应当立刻向相关管制单位报告。

七、在临时飞行空域内进行民用无人机飞行活动,由从事民用无人机飞行活动的单位、个人负责组织实施,并对其安全负责。

八、民航空管单位应当按照有关法规和本规定的要求对民用无人机飞行活动进行空中交通管理。不得在一个划定为无人机活动的空域内同时为民用无人机和载人航空器提供空中交通服务。

九、民用航空器机组人员发现无人机飞行活动应当及时向相关空中交通管制部门报告。空中交通管制单位发现区域内有无人机活动或者收到相关报告,应当向所管制的航空器通报无人机活动情报,必要时提出避让建议,并按要求向相关管制单位、空管运行管理单位和所在地的民航监管局通报。

十、民用无人机活动中使用无线电频率、无线电设备应当遵守国家无线电管理法规和规定,且不得对航空无线电频率造成有害干扰。民用无人机遥控系统不得使用航空无线电频率。在民用无人机上设置无线电设备,使用航空无线电频率的,应当向民用航空局无线电管理委员会办公室提出申请。

十一、未经批准,不得在民用无人机上发射语音广播通信信号。

十二、使用民用无人机应当遵守国家有关部门发布的无线电管制命令。

附录6　《无人机飞行管理规章建议草案》

第一章　总　则

第一条【立法目的和依据】　为了规范无人机飞行活动,保证国家安全、公共安全和飞行安全,根据《中华人民共和国民用航空法》《中华人民共和国飞行基本规则》《通用航空飞行管制条例》和国家其他法律、法规,制定本条例。

第二条【适用范围】　辖有无人机的单位、个人和与无人机飞行有关的人员,在中华人民共和国领空内和中华人民共和国提供空中交通管制服务的公海上空从事无人机飞行活动,必须遵守本条例。

第三条【无人机飞行主管机构】　在国务院、中央军事委员会和国家空中交通管制委员会领导下,国务院有关部门,中国人民解放军总参谋部、总政治部、总后勤部、总装备部、军兵种,中国人民武装警察部队,对无人机飞行行使相应的飞行管理职权。

国家空中交通管制委员会牵头建立无人机系统管理联席会议机制,无人机系统管理联席会议采取定期、不定期召开会议的机制,协调解决无人机系统管理中出现的重大问题,会议确定事项由各成员单位按照职责分工组织落实。

无人机系统管理联席会议的日常工作由国家空中交通管制委员会的办事机构承担,各成员单位设立联络员,由相关司局级负责人担任,负责日常工作协调联络。

第四条　【无人机飞行管理的基本原则】　无人机飞行活动的管理,应当遵循统一管理、规范运行、确保安全、促进发展的原则。

第五条　【依法从事无人机飞行活动的要求】　从事无人机飞行活动的公民、法人和其他组织,必须按照《中华人民共和国民用航空法》《中华人民共和国飞行基本规则》及相关法律规定取得从事航空活动的资格,并遵守本条例和国家有关法律、行政法规的规定。

第六条　【无人机的注册与标志】　在中华人民共和国领空内飞行的无人机,必须经过注册登记,依法经过注册登记的无人机应当标明规定的识别标志。

无识别标识的无人机需要飞行的,必须经中国人民解放军空军批准。

第七条　【无人机分类管理要求】　对无人机飞行活动,应当根据空域类型和无人机型别分类管控。

第二章　无人机系统管理

第八条　【制造销售备案制度】　制造、销售民用无人机系统及关键设备应当向制造、销售地公安机关备案;未经备案,工商行政机关不予办理制造、销售登记。民用无人机系统及关键设备制造、销售备案规则由公安部工商行政管理总局制定。国家无人机系统按现行规定。

第九条　【适航和定型制度】　建立无人机系统适航、定型管理制度。

第十条　【适航审定要求】　装机重量超过150千克的无人机出厂前必须取得相关部门颁发的造航证书或型号合格证书;装机重量7千克(含)至150千克(不含)的无人机必须取得相关部门颁发的飞行特别许可证。装机重量7千克(不含)以下的无人机按照经小型娱乐飞行航空器管理,无须取得适航证审定相关证书。

第十一条 【适航适用法规】 民用无人机系统适航适用民用航空器适航管理法规;国家无人机系统的定型适用装备定型法规。

第十二条 【适航飞行要求】 无人机系统必须持有中国民用航空局颁发的适航证书,装备定型部门颁发的定型证书,或者获得中国民用航空局,装备定型部门的特别许可,方可飞行。

第十三条 【电子标签制度】 民用无人机系统销售或者投入使用前必须具有电子识别标签:

第十四条 【电子标签管理】 民用无人机系统电子识别标签管理规则由工业和信息化部会同中国民用航空局制定。

第十五条 【登记识别标志管理】 无人机必须标明识别标志。无识别标志的无人机,因特殊情况需要飞行的,必须经中国人民解放军空军批准。

第十六条 【登记识别标志规则】 民用无人机的国籍和登记标志规则由中国民用航空局制定;国家无人机的登记和识别标志规则由公安部、海关总署、中国人民解放军各总部、军兵种、武警总部制定。试验阶段的无人机系统应当办理临时登记,临时登记和识别标志规则由科学技术部、工业和信息化部、中国民用航空局和中国人民解放军总装备部制定。

第十七条 【登记信息共享】 无人机系统登记机构应当向国家和军队有关职能部门以及空管部门提供无人机系统登记信息。

第十八条 【型号飞行手册管理】 无人机系统销售或者投入使用前,必须具有无人机系统飞行手册。

第十九条 【飞行手册编写规范】 无人机系统飞行手册编写规范由工业和信息化部、中国民用航空局和中国人民解放军总装备部组织制定。

第二十条【遥控频谱管理】 无人机系统遥测、遥控和信息传输系统频率的使用应当遵守中华人民共和国无线电管理法规。

第二十一条 【出口管制制度】 无人机系统及相关技术的进出口应当符合中华人民共和国进出口管制法规。

第二十二条 【两用物项管理】 无人机系统两用物项管理规定由商务部商工业和信息化部、海关总署和中国人民解放军总装备部制定。

第三章 无人机飞行空域的管理与使用

第二十三条 【无人机飞行空域使用许可制度】 无人机飞行使用空域,必须按照现行空域管理分工,经飞行管制部门或者空中交通管制部门批准,方可实施。

战斗飞行按战斗命令执行。

第二十四条 【飞行空域对无人机的适航要求】 进入非隔离空域飞行的无人机,必须符合有人驾驶航空器在同种类空域运行所需达到的全部要求,包括设备要求和法规标准。

第二十五条 【无人机飞行类型】 无人机飞行,按照飞行高度区分,分为超低空飞行、低空飞行、中空飞行、高空飞行、超高空飞行;按照空域管理区分,分为隔离空域和非隔离空域飞行;按照飞行性质区分,分为民用无人机飞行、试验无人机飞行和军用无人机飞行;按照操控员视距区分,分为可视范围内飞行和可视范围外飞行。

第二十六条 【无人机飞行空域划设原则】 划设无人机飞行空域应当维护国家安全,保证有人驾驶航空器飞行安全,防止危及地面人员及财产安全,合理、充分、有效地利用空域。

第二十七条　【无人机飞行空域划设要求】　无人机飞行空域划设应当充分考虑飞行需要、与其他飞行空域的关系、飞行动态监控能力、环境保护等因素,兼顾无人机飞行与公众的利益。

第二十八条　【无人机飞行空域划设方法】　无人机飞行空域分为隔离空域和非隔离空域。隔离空域的划设,通常应当避开航路、航线、飞行密集地区、重要目标上空和人口集中的城镇上空。非隔离空域的划设,应当符合有人驾驶航空器飞行空域的划设要求。

第二十九条　【无人机飞行空域划设的批准权限】　飞行管制分区内无人机飞行空域的划设,由驻机场航空管制部门或者空中交通管制部门提出方案,报所在地负责飞行管制分区任务的部队司令部批准;飞行管制分区间无人机飞行空域的划设,由分区航空管制部门提出方案,报战区空军司令部批准;飞行管制区间无人机飞行区域的划设,由战区空军司令部提出方案,报中国人民解放军空军司令部批准。

第三十条　【无人机飞行空域划设的审批时限】　负责审批无人机飞行空域的飞行管制部门应当在受理申请15日内作出批准或者不予批准的决定,并通知申请人。

第三十一条　【无人机飞行空域使用要求】　无人机飞行空域批准后,必须按照批准的范围、用途、要求和审批的飞行计划使用;未经批准飞行计划的飞行管制部门同意,不得改变空域使用性质和用途,确需改变时,应当按照飞行计划申请程序重新申请,经批准后方可使用。

无人机飞行空域终止使用时,申请该无人机飞行空域的公民、法人和其他组织应当及时向当地飞行管制部门报告。

第三十二条　【无人机飞行空域的释放机制】　公民、法人和其他组织,必须严格按照审批的飞行计划在批准的无人机飞行空域内组织实施。飞行活动结束后30分钟内,组织实施无人机飞行活动的公民、法人和其他组织必须向受理该次飞行申请的飞行管制部门报告飞行结束时间,及时释放该次飞行的空域使用权。

第三十三条　【无人机临时飞行空域的划设、使用申请与批复】　无人机临时飞行空域的划设与使用,由申请使用的公民、法人和其他组织于空域使用前一周提出方案,向无人机升空所在地的空军有关飞行管制部门提出申请,审批管制区内临时飞行空域的司令部应当在开飞三天前,审批跨管制区的临时飞行空域的司令部应当在开飞两天前批复。

第三十四条　【无人机临时飞行空域的批准权限】　无人机临时飞行空域划设申请按照下列规定的权限批准:

(一)位于飞行管制分区范围内的,由担负飞行管制分区管制任务的司令部批准;

(二)位于飞行管制分区间的,由战区空军司令部批准;

(三)位于飞行管制区间的,由空军司令部批准。

第三十五条　【无人机临时飞行空域的使用要求】　无人机临时飞行空域批准后,必须按照批准的计划实施,不得随意改变,如需改变,须经审批该次飞行申请的司令部同意。

无人机临时飞行空域使用期限通常不得超过一个月,如需延长,必须重新申请。

第四章　无人机飞行组织与实施

第三十六条　【无人机飞行活动的组织与实施要求】　公民、法人和其他组织从事无人机飞行活动,应当按照批准或者报备的飞行计划组织实施;熟悉并严格执行有人驾驶航空器的飞行规则、相关航空法规和组织实施程序;制定特殊情况处置预案,了解无人机飞行空域的其他飞行活动情况,确认无人机与其他航空器没有飞行冲突;服从管制部门的管制指挥。

第三十七条 【无人机飞行组织实施中与管制部门的协同要求】 组织实施无人机飞行活动的公民、法人和其他组织,在实施时,应当与升空当地飞行管制部门建立可靠的通信联络,并保持联络畅通;发生影响飞行安全或者公共安全的特殊情况时,应当立即报告相关飞行管制部门,并及时采取处置措施。

第三十八条 【无人机飞行实施的协调与通报制度】 公民、法人和其他组织,组织实施无人机飞行活动前,必须与飞行活动当地的飞行管制部门建立协同关系,明确各自的权利与义务;组织实施无人机飞行活动中,应当于开始飞行 30 分钟前向相关飞行管制部门通报无人机预计开飞时间、使用空域高度、飞行科目等与飞行安全相关的事项;飞行中及时通报无人机飞行活动情况;飞行结束后 30 分钟内通报飞行结束时间。

第三十九条【无人机飞行空域的安全责任】 经批准在隔离空域内进行无人机飞行活动,通常由从事无人机飞行活动的公民、法人和其他组织负责组织实施,并对其安全负责。在批准的非隔离空域内进行无人机飞行活动,组织实施无人机飞行活动的公民、法人和其他组织,对飞行安全及航空法规和管制部门管制指令的执行情况负责,管制部门对管制指令的正确性负责。

第四十条【无人机飞行间隔】 无人机与无人机之间以及无人机在隔离空域内飞行间隔,由组织实施无人机飞行活动的公民、法人和其他组织自行确定;无人机在非隔离空域内飞行,无人机与有人驾驶航空器之间执行有人驾驶航空器的飞行间隔规定。

第四十一条 【无人机加入隔离空域运行的要求】 无人机加入隔离空域,不得影响空中其他飞行活动安全;加入前应当将与该次无人机飞行活动相关的信息报告有关飞行管制部门,报告的内容包括无人机的类别、识别标志、操控人员资质、进出空域的方法(含进出路线、高度和水平范围)、任务性质、空域活动范围以及管制部门要求报告的其他信息。

第四十二条 【无人机加入非隔离空域运行的要求】 无人机加入非隔离空域运行,除遵守隔离空域运行的基本要求外,还应做到:

(一)必须进行充分的验证,以保证其适航性、可控性和可靠性符合适航要求达到有人驾驶航空器在此类空域飞行的安全水平和运行标准;

(二)无人机加入非隔离空域飞行必须获得管制部门的许可,并严格按批复的限制、保障措施飞行;

(三)无人机在非隔离空域飞行,不能给其他空域用户带来危险,也不能干扰其他空域用户的正常运行;

(四)无人机必须遵循有人驾驶航空器在同种类空域运行所需达到的设备要求、法规标准以及空域的类别要求;

(五)管理无人机运行的单位和人员应当熟悉无人机飞行在非隔离空域所适用的规则和程序;

(六)无人机操控人员应当确保能够对无人机采取及时、有效的控制;无人机与操控人员之间数据链失去控制时,无人机应能自动启动替代运行模式,使无人机终止飞行或转入自动飞行状态。

第四十三条 【无人机飞行的指挥与移交】 无人机飞行活动的组织指挥,由从事无人机飞行活动的单位、个人组织实施,并对其安全负责。

对无人机飞行实施操控指挥,应当严格执行有关的航空法规和空管规定,充分做好操控指挥准备,正确实施操控指挥,确保飞行安全。

无人机飞入相邻管制区域前,管制部门之间应当按照程序管制的有关规定和有人驾驶航空器的交接程序进行管制移交。管制移交的内容包括无人机飞行计划、关键的空中位置点、飞行高度等飞行动态、预计进入管制交接点的时间和其他需要说明的事项。

第四十四条　【无人机违法违规飞行活动的管控】　国家民用航空主管部门负责对民用无人机违法违规飞行活动进行地面查处,配合军队有关部门实施空中监管和空中不明情况的应急查证处置;军队航空管制部门负责飞行管制和空中不明情况查证处置;公安部门负责无人机违法违规飞行的现场处置工作,组织协调重大活动期间无人机的地面防范管控工作;国家体育总局和工商、税务部门负责配合军队、民用航空主管部门和公安部门,对民用无人机违法违规飞行的单位和个人进行查处。无人机权属单位和个人的主管部门负责无人机飞行的日常理和地面管控,协助军、民航主管部门、国家公安、工商、税务部门查处违法违规飞行活动,负责重大活动期间无人机的地面防范管控工作。

第四十五条　【无人机违规飞行的处置】　公民、法人和其他组织违反飞行管制规定组织实施无人机飞行的,飞行管制部门可以根据情况责令改正或者停止其飞行。

第五章　无人机飞行申请与批复

第四十六条　【无人机飞行活动(计划)的审批制度】　从事无人机飞行活动的公民、法人和其他组织,实施飞行前,应当向无人机升空当地飞行管制部门提出飞行计划申请,由无人机升空当地飞行管理部门,按照批准权限办理相关申请与批复事宜,经批准后方可组织实施。

有下列情形之一的,必须在提出飞行计划申请时,提交有效的任务批准文件:

(一)飞出或者飞入我国领空的;

(二)进入空中禁区或者国(边)界线至我方一侧10公里之间地带上空飞行的;

(三)在我国境内进行航空物探或者航空摄影活动的;

(四)超出领海(海岸)线飞行的;

(五)外国无人机或者外国人使用我国无人机在我国境内进行飞行活动的。

第四十七条　【无人机飞行计划的内容】　无人机飞行计划应当包括下列内容:

(一)飞行单位、任务,预计飞行开始、结束时间;

(二)无人机操控人员姓名、代号(呼号);

(三)无人机的型号和架数;

(四)通信联络方法,无人机的识别标志;

(五)发射、回收场地和区域;

(六)备用回收场地和区域;

(七)飞行气象条件;

(八)巡航速度、飞行高度和飞行范围;

(九)特殊情况处理方案;

(十)其他特殊保障需求;

第四十八条　【无人机飞行计划的审批权限】　无人机飞行计划申请按照下列规定的权限批准:

（一）在飞行管制分区内的，由负责该分区的飞行管制部门批准；

（二）超出飞行管制分区在飞行管制区内的，由负责该区域的飞行管制部门批准；

（三）超出飞行管制区的，由中国人民解放军空军批准。

第四十九条 【无人机飞行申请与批复的时限】 无人机飞行计划申请应当在飞行前1天15时前提出；飞行管制部门应当在飞行前1天21小时前做出批准或者不予批准的决定，并通知申请人；

第五十条 【无人机特殊任务飞行计划的申请】 无人机飞特殊任务飞行是指执行战斗任务或秘密任务的飞行。经确认由战区或者中国人民解放军军种以上司令机关下达的无人机特殊飞行任务飞行，时间条件允许，组织实施单位应当在无人机升空所在地飞行管制部门通报无人机飞行有关情况，时间条件不允许应当在空后及时通报，通报内容为无人机飞行空域的水平、高度范围和飞行速度。

第五十一条【无人机紧急任务飞行申请与批复的时限】 执行科学实验、抢险 救灾、人工影响天气或者其他紧急任务的飞行，来不及按照规定时限提出飞行申请时，可以提出临时飞行申请。临时飞行计划申请最迟应当在拟飞行1小时前提出；飞行管制部门应当在拟起飞时刻15分钟前作出批准或者不予批准的决定，并通知申请人。

第五十二条【无人机临时飞行空域飞行计划申请】 从事无人机飞行活动的公民、法人和其他组织，根据飞行活动要求，需要使用临时划设飞行空域的，应当向有关飞行管制部门提出使用临时划设飞行空域的飞行计划申请。

临时飞行空域的飞行计划申请应当包括下列内容：.

（一）临时飞行空域飞行的水平、高度范围；

（二）飞入和飞出临时飞行空域的方法；

（三）使用临时飞行空域的时间；

（四）飞行活动性质；

（五）其他有关事项。

第五十三条 【无人机临时航线飞行计划申请与批复的时限】 无人机使用临时航线转场飞行，其飞行计划申请应当在拟飞行2天前向升空当地飞行管制部门提出；飞行管制部门应当在拟飞行前1天18时前作出批准或者不予批准的决定，并通知申请人，

第六章 无人机飞行活动特殊情况处置

第五十四条【无人机特殊情况定义】 无人机飞行中的特殊情况，是指突然发 生的、直接或者间接危及飞行安全的情况。

第五十五条【无人机特殊情况处置原则】 处置无人机特殊情况，应当遵守安全、及时、协调、有效的原则，无人机操纵人员和飞行管制员应密切配合，立即启动预设处置方案，在确保飞行安全和公共安全的情况下，就近机场降落或者选择有利场地迫降，其他航空器应主动避让出现特殊情况飞行的无人机。

第五十六条【无人机特殊情况处置要求】 无人机飞行应有出现操控员不能对无人机进行控制情况时应对的应急预案，无人机应能按照预编的应急预案处置程序继续进行自主飞行。无人机转入应急预案飞行时，操控员应当立即报告负责空域管制的飞行管制部门。管制员应熟悉无人机的特殊情况处置预案。

第五十七条【无人机特殊情况处置程序】　无人机发生特殊情况不能保证运行安全或即将威胁到公共安全时,应采取应急措施,终止飞行、返航或就近回收迫降。无人机操纵员应立即报告相应飞行管制部门,并告知已采取的应急措施,管制员指挥其他有关航空器避让,并通报相关部门。无人机迫降或坠落以后,空管部门应当协助无人机操控员组织地面回收工作,帮助查明事故原因。

第五十八条【无人机特殊情况处置责任界定】　无人机操控员是进行无人机紧急情况处理的责任主体,具有选择并执行无人机特殊情况处置方案的决定权,并对该决定的正确性负责。

接到无人机出现特殊情况报告的相关管制部门,负责管制的协调和通报,并指挥其他航空器适时避让。

第七章　无人机飞行保障

第五十九条【无人机飞行保障基本要求】　通信、导航、监视、气象、航行情报和其他飞行保障单位、部门应当认真履行职责,密切协同,统筹兼顾,合理安排,提高飞行空域和时间的利用率,保障无人机飞行顺利实施。

第六十条【无人机紧急任务飞行保障的优先权】　通信、导航、监视、气象、航行情报和其他飞行保障单位、部门对于无人机抢险救灾、人工影响天气等突发性紧急任务的飞行,应当优先提供飞行保障。

第六十一条【无人机飞行活动的通信保障要求】　从事无人机飞行活动的公民、法人和其他组织,应当与有关管制部门建立可靠的通信联络。

第六十二条【无人机指控设备、监视设备要求】　为了保证飞行安全,在非隔离空域组织实施无人机飞行的公民、法人和其他组织,除配备用于无人机飞行的指挥控制设备外,还应当在无人机指挥控制现场引接空管的飞行动态雷达监视信息,配备相应的动态信息融合与显示设备;同时将无人机动态信息送入当地管制部门。

第六十三条【飞行管制部门的保障职责】　管制部门应当按照职责分工或者协议,为无人机飞行活动提供空域使用咨询、协调、分配、监控和飞行情报服务保障。

第六十四条【无人机飞行空域飞行活动的保障】　对隔离空域中飞行的无人机,不提供管制间隔服务,根据用户申请,可提供飞行情报服务;对在非隔离空域中飞行的无人机提供空管服务。对于不符合非隔离空域使用要求的无人机,因特殊任务需要进入非隔离空域飞行,经空域所在飞行管制区飞行管制部门批准,组织实施无人机飞行的公民、法人和其他组织,必须指定一架有人驾驶航空器伴飞,随时向飞行管制部门提供无人机的飞行信息。

对于在临时划设飞行空域中无人机的飞行,应当根据临时飞行空域的性质,提供相应的服务保障。

第六十五条【无人机飞行活动的安全保障要求】　从事无人机飞行活动的公民、法人和其他组织,在组织实施飞行活动前应当制定安全保障措施和特殊情况处置预案;配备必要的设施和人员,与管制部门建立可靠的通信联络,并保持联络畅通;具备掌握无人机飞行动态的手段;发生影响飞行安全或者公共安全的特殊情况时,应当立即报告管制部门,并及时采取处置措施。

第八章　无人机操控人员

第六十六条　【无人机操控人员的条件】　从事无人机飞行操控的人员,应当具有中华人民共和国国籍,经国家相应航空主管部门批准的除外。因犯罪而受到刑事处罚的人员,不得担任无人机操控人员。

从事无人机操控的人员应当接受专门训练,经考核合格,取得国家相应航空主管部门颁发的执照或者证书,方可担任其执照或者证书载明的工作。

第六十七条【无人机操控人员的权利】　无人机操控人员在执行任务时,可以行使下列权利:

(一)行使机长的权利;

(二)根据无人机性能要求有决定任务载荷的权利;

(三)发现无人机、机场(或发射装置)、回收、气象条件不符合规定,有拒绝操纵无人机升空的权利;

(四)遇到特殊或紧急情况时,有对无人机做出最终处置的权利。

第六十八条【无人机操控人员的义务】　无人机操控人员在执行任务时,必须履行下列义务:

(一)遵守与航空相关的法律、法规、飞行规则;

(二)对所操控无人机的飞行安全负责;

(三)每次飞行前进行飞行准备并检查无人机状态;

(四)遇有空中威胁飞行安全的因素或者遇到特殊、紧急情况进行处置时,必须立即报告相应的管制部门;

(五)无人机发生飞行事故时,应当如实向管制部门报告。

第六十九条【无人机操控人员的培训】　无人机操控人员应当在指定的院校按照国家统一标准进行培训,经考核合格,颁发无人机操控人员资格证书。无人机操控人员必须经过理论和操控能力培训,至少包括以下内容:

(一)操控机型的关键飞行系统知识和操作规范;

(二)航空概论和飞行原理;

(三)航空管制、空中交通管制和航空法规;

(四)通信、导航、气象学;

(五)保持无人机航行诸元的能力;

(六)特殊动作操控和特殊情况处置。

第七十条　【无人机操控人员的执照颁发】　民用无人机操控人员,由民用航空主管部门考核、批准,颁发相应工作执照;国家航空器属性的无人机操控人员,由军队航空主管部门考核、批准,颁发相应工作执照。

第七十一条【证照携带要求】　飞行机组人员操控无人机系统应当随身携带执照或者合格证书,并接受飞行管制部门、执照或者合格证书颁发机构查验。

第九章　法律责任

第七十二条【一般规定】违反本条例规定,《中华人民共和国民用航空法》和《中华人民共和国飞行基本规则》及有关行政法规对其处罚有规定的,从其规定;没有规定的,适用本章规定。

第七十三条【违法飞行查处的分工】　对违法使用无人机进行飞行活动的空中查证由中国人民解放军空军负责组织。

违法飞行的民用无人机落地后的现场处置,对无人机系统飞行机组人员、运营人和其他责任单位、个人采取强制措施或者治安处罚由公安机关负责。违法飞行的国家无人机落地后的处置按国家、军队有关规定执行。

对民用无人机系统飞行机组人员及其运营人的处罚由民用航空主管部门负责。

对违法制造民用无人机系统的处罚,由民用航空主管部门负责。

第七十四条【查处违法飞行费用的负担】　为查证、制止违法使用无人机进行飞行活动而直接产生的费用,由无人机系统运营人承担。

第七十五条【违反无人机飞行空域使用要求、飞行活动审批制度或者飞行组织实施规定的处罚】　违反本条例规定,有下列情形之一的,由管制部门责令停止飞行或者立即改正,对无人机操控人员给予警告;情节较重的,吊销无人机操控人员执照一个月至六个月,并处一万元以上五万元以下罚款;造成重大事故的,吊销无人机操控人员执照,对其所在单位吊销通用航空经营许可证或者注销非经营性通用航空登记,同时处五万元以上二十万元以下罚款;

未经管制部门批准使用空域的;

未按照管制部门批准的范围、用途、要求和审批的飞行计划使用空域或者擅自改变空域的性质和用途的;

未按照批准的飞行计划组织实施无人机飞行活动的;

未取得管制部门批准从事无人机飞行活动的;

发生影响飞行安全的特殊情况,未立即报告管制部门或者采取处置措施不当的。

第七十六条【违反无人机操控人员规定的处罚】　违反本条例第五十一条规定,未取得无人机操控人员执照、证书或者超出无人机操控人员执照或者证书的范围操控无人机的,由国务院民用航空主管部门或者军队航空主管部门责令停止无人机操控活动,在国务院民用航空主管部门或者军队航空主管部门规定的期限内不得申领有关执照和证书,对其所在单位处以十万元以下的罚款。

第七十七条【违反无人机飞行保障规定的处罚】　违反本条例第四十六条、第四十七条或者第四十九条规定,未能遵守无人机飞行保障要求的,由管制部门责令其在规定时间内整改,整改完毕并达到本条例要求前,管制部门不受理其空域使用申请或者飞行计划申请。

第七十八条【治安管理处罚与刑事责任】　违反本条例规定,构成违反治安管理行为的,依法给予治安管理处罚;构成犯罪的,依法追究刑事责任。

第十章　附　则

第七十九条【名词解释】　无人机:是指具有一定动力装置,通过人工遥控设备、机载自主控制系统进行操纵,重于空气的不能载人的航空器械。

无人机操控人员:是指与无人机正确、安全运行有关的指定工作人员。主要包括无人机驾驶员、指挥员、任务载荷操作员、任务规划操作员、无人机外部驾驶员和维修人员。

隔离空域:本条例所称隔离空域,是指为隔离无人机与有人驾驶航空器而划定的专供无人机使用的指定空域。

非隔离空域：本条例所称非隔离空域是指隔离空域以外的空域。

管制部门：本条例所称管制部门是军队飞行管制部门和民用航空空中交通管制部门的统称。

第六十二条【生效时限】

附录7　基于空管实践的无人机分类标准

序号	无人机类别	飞行高度 m	速度限制 nmile/h	适用空域	试用飞行规则	空中交通服务	是否需要旅行许可	机载设备要求
1	小型无人机	0～100	250	隔离空域	否	否		
2	中型无人机	100～7 000	250	隔离空域	否	否		
3	大型无人机	不限制	不限制	所有空域	飞行基本规则	提供	是	自动感知避让
4	超低空无人机	0～100	250	隔离空域	否	否		
5	中低空无人机	100～7 000	250	隔离空域	否	否		
6	高空无人机	7 000～15 000	不限制	所有空域	飞行基本规则	提供	是	自动感知避让
7	超高空无人机	不限制	不限制	所有空域	飞行基本规则	提供	是	自动感知避让
8	短航时无人机	0～15 000	不限制	隔离空域	否	否		
9	长航时无人机	不限制	不限制	所有空域	飞行基本规则	是	自动感知避让	
10	超近程无人机	0～100	250	隔离空域	否	否		
11	近程无人机	100～7 000	250	隔离空域	否	否		
12	中程无人机	7 000～15 000	不限制	所有空域	飞行基本规则	提供	是	自动感知避让
13	远程无人机	不限制	不限制	所有空域	飞行基本规则	提供	是	自动感知避让

续表

序号	无人机类别	飞行高度 m	速度限制 nmile/h	适用空域	试用飞行规则	空中交通服务	是否需要旅行许可	机载设备要求
14	注册航空器	不限制	不限制	所有空域	飞行基本规则	提供	是	自动感知避让
15	非标准航空器	100～7 000	250	隔离空域	否	否		
16	遥控模型机	0～100	250	隔离空域	否	否		

参考文献

[1] 孙仕祺,马杰. 历史与现实:无人机发展历程、现状及其所面临的挑战[J]. 飞航导弹,2005(1):14 - 19,39.

[2] 常于敏. 无人机技术研究现状及发展趋势[J]. 电子技术与软件工程,2014(1):242 - 243.

[3] 王锋,吴江,周国庆,等. 多旋翼飞行器发展概况研究[J]. 科技视界,2015(13):6 - 7.

[4] 罗均,蒋蓁,程维明,等. 国际上微型飞行器研究的进展及其关键技术[J]. 上海大学学报(自然科学版),2001,7(4):293 - 296.

[5] 何小九,李彦彬,朱枫,等. 国外垂直起降无人机发展现状及设计制造关键技术[J]. 飞航导弹,2016(6):22 - 27.

[6] 郁一帆,王磊. 无人机技术发展新动态[J]. 飞航导弹,2019(2):34 - 42.

[7] 王细洋. 航空概论[M]. 北京:航空工业出版社,2006.

[8] 朱宝鎏. 无人飞机空气动力学[M]. 北京:航空工业出版社,2006.

[9] 符长青. 无人机空气动力学与飞行原理[M]. 西安:西北工业大学出版社,2018.

[10] 于明清,司维钊. 无人机飞行控制技术[M]. 西安:西北工业大学出版社,2001.

[11] 李为吉. 现代飞机总体综合设计[M]. 西安:西北工业大学出版社,2001.

[12] 顾诵芬. 飞机总体设计[M]. 北京:北京航空航天大学出版社,2010.

[13] 余雄庆,徐惠民,昂海松. 飞机总体设计[M]. 北京:航空工业出版社,2000.

[14] 高丽丽. 固定翼无人机总体设计及自主着陆控制技术研究[D]. 南京:南京航空航天大学,2017.

[15] 程不时. 飞机设计手册[M]. 北京:航空工业出版社,2005.